U0799504

冶金工业出版社

普通高等教育“十四五”规划教材

环境监测实验

Environmental Monitoring Experiment

主　编　孟红旗　姜凤成　吴　红
副主编　李艳利　肖春艳　郭发扬
　　　　侯晓莉　邢明飞　王明仕

北　京
冶 金 工 业 出 版 社
2024

内 容 提 要

本书是在多年实验教学的基础上整理编写而成，内容包括水污染监测、大气污染监测、土壤污染监测和物理性污染监测等 18 个实验项目。

本书可作为高等学校环境工程类专业的本科生和研究生教学指导书，也可供相关专业的科研和技术人员参考使用。

图书在版编目(CIP)数据

环境监测实验/孟红旗，姜凤成，吴红主编.

北京：冶金工业出版社，2024.9. --（普通高等教育“十四五”规划教材）. --ISBN 978-7-5024-9961-7

Ⅰ. X83-33

中国国家版本馆 CIP 数据核字第 20246B8W63 号

环境监测实验

出版发行 冶金工业出版社　　**电　话** (010)64027926

地　址 北京市东城区嵩祝院北巷 39 号　　**邮　编** 100009

网　址 www.mip1953.com　　**电子信箱** service@mip1953.com

责任编辑 刘璐璐　美术编辑 吕欣童　版式设计 郑小利

责任校对 梅雨晴　责任印制 窦　唯

北京建宏印刷有限公司印刷

2024 年 9 月第 1 版，2024 年 9 月第 1 次印刷

787mm×1092mm 1/16；4.5 印张；98 千字；65 页

定价 36.00 元

投稿电话 (010)64027932　投稿信箱 tougao@cnmip.com.cn

营销中心电话 (010)64044283

冶金工业出版社天猫旗舰店 yjgycbs.tmall.com

（本书如有印装质量问题，本社营销中心负责退换）

前　言

实验教学是模拟现实环境下对理论知识的应用，这对今后学生掌握实际工作技能，解决实际问题提供了一个良好的训练。通过环境监测实验课的学习，学生可掌握水污染监测、大气污染监测、土壤污染监测和物理性污染监测等实验的理论知识和实验技巧，促进学生初步具备独立开展实验分析的能力，包括较强的自学能力、观察事物能力、综合分析和解决实际问题的能力，培养学生严肃认真、实事求是的科学态度和严谨的工作作风，以使科学实验的思维和素养得到初步训练。

本教材设置 18 个实验项目，水环境监测包括 13 个实验项目（共 34 个学时），其中有 8 个选做实验（共 20 个学时）；大气环境监测包括 2 个实验项目（共 5 个学时），其中有 1 个选做实验（共 2 个学时）；土壤环境监测包括 2 个实验项目（共 7 个学时），其中有 1 个选做实验（共 4 个学时）；噪声环境监测 1 个选做实验项目（共 2 个学时）。本教材可作为高等院校环境工程相关专业的本科生和研究生的教学指导书，也可供相关专业科研单位的技术和管理人员阅读参考。

在本教材的编写过程中，得到了河南理工大学环境科学与工程省重点学科的大力支持，在此表示衷心的感谢。

由于作者水平所限，书中不足之处，恳请广大读者批评指正。

孟红旗

2024 年 5 月于焦作

目　　录

实验一　水样采集与预处理

实验类型：验证性　　实验学时：3　　实验要求：必修

一、实验目的

（1）观摩并掌握水样采集的操作。

（2）了解水样过滤与加酸预处理的操作要求。

（3）掌握用重量法测量水中悬浮物（SS）含量的实验方法。

二、实验原理、方法和手段

到现场采集水样的原则是能采到具有代表性的样品，并保证在采样过程中测量目标物不被污染和不造成损失。

对于静态水体，可用网格法（50 m×50 m）均布采样；对于流动水体，应在水流断面上设点采样（宽度小于 50 m 的小河，在河中心设置 1 个点；宽度为 50~100 m 的中等河流，在距左、右河岸 5 m 处设 2 个点；大于 100 m 的大河，在河中心和距左、右河岸 5 m 处设 3 个点）。表层水一般要采集距水面 10~50 cm 的水样。水体深度小于 5 m，只在表层水设置 1 个点采样；深度为 5~10 m，在距水面与底部各 0.5 m 处设置 2 个点采样；深度大于 10 m，在 1/2 水深和距水面与底部各 0.5 m 处设置 3 个点采样。存在水流突变或排污口的情况，应在其下游 100 m 处采集水样。

水样采集装置分为 2 种，如图 1-1 所示。有动力电源装置简单易行，采样精度高，但

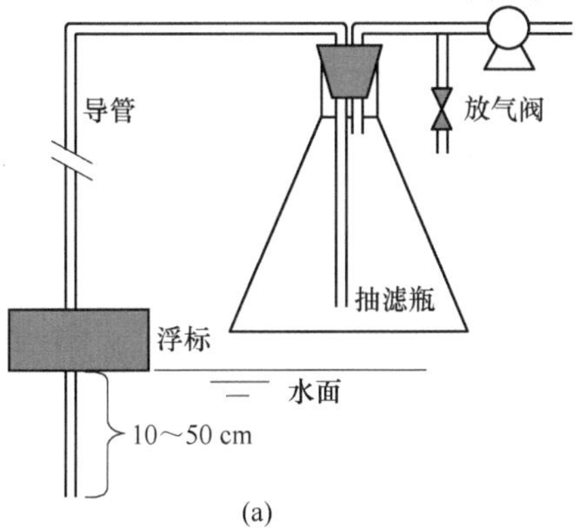

(a)

(b)

图 1-1　水样采集装置

（a）有动力电源装置；（b）无动力电源装置

不适合挥发性物质采样，采样前需用采样水洗涤 2~3 次；无动力电源装置的采样器在下沉过程中，水从其中流过，达到预定深度时，容器能够闭合而汲取水样。

悬浮物（SS）能使水体浑浊，透明度降低，影响水生生物的呼吸和代谢，造成水质恶化，污染环境。因此，在水和废水处理中，测定悬浮物的含量具有特定意义。悬浮物是指不能通过滤料，并于 103~105 ℃烘至恒重的固体物。一定体积的水样用 0.45 μm 微孔滤膜过滤后，经烘干称重，用 mg/L 表示水中悬浮物的浓度。

水样预处理是将水样通过 0.45 μm 微孔滤膜，以达到去除悬浮颗粒物的目的，再将滤液直接冷藏或加浓硫酸至 pH 值小于 2.0，在冰箱 4 ℃下保存，便于后续阴阳离子的测量。使用的真空过滤装置如图 1-2 所示。

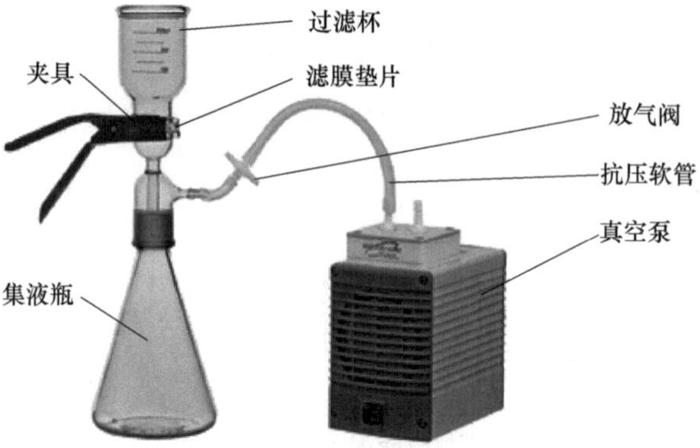

图 1-2　真空过滤装置

三、仪器设备

仪器设备：水样采集装置，深水采样器，真空泵，玻璃过滤器，外接电源，烘箱。

四、所需耗材

人员配置：3 人 1 组。

所需耗材：1 L 采样瓶，0.5 L 采样瓶 1 个，蒸馏水，ϕ50 mm 0.45 μm 聚酯纤维微孔滤膜，标签纸，记录笔，吊绳，米尺，100 mL 铝盒 2 个，4 号样品袋 2 个。

五、实验步骤

（1）水样采集。根据现场情况，设计采样方案，包括采样点数量、采样位置、采样深度和水样性状描述等。记录采样人员、采样时间和气温等信息，用标签纸将相关信息贴在采样瓶上备用。将浮标移到采样位置上，进行定位采样。采样前，先用目标水样洗涤容器 2~3 次，采集的水样如有大块漂浮杂质要及时去除。采集 1 L 水样送到实验室进行过滤预处理。用无动力采样装置采集水样时，从底部缓慢注满溶 1.0 L 采样瓶，避免气泡和漩涡产生，用于测量易变化指标水温、浊度和溶解氧 DO。

（2）水样过滤预处理。用自来水清洗干净图 1-2 中的玻璃装置。用尖头镊子取一张干净的聚酯纤维微孔滤膜，对装置进行组装。用约 30 mL 蒸馏水冲洗过滤杯，真空过滤完全，放气后取下集液瓶，倾出滤液后组装好；取摇匀后的目标水样约 30 mL 冲洗过滤杯，真空过滤完全，放气后取下集液瓶，倾出初滤液后组装好。将一定体积目标水样倒入过滤杯中进行过滤操作。待过滤速度小于 1 滴/s 时，应更换滤膜进行过滤。

注意：真空泵在关机和开机前应打开放气阀与大气相通，更换前应保证滤膜上无溶液。

用滤液润洗原采样瓶后，将滤液转移到采样瓶中。取出约 300 mL 滤液用于测量 pH 值、电导率 EC、溶解性总固体 TDS、总碱度、碳酸氢根和硫酸根。其他滤液加入浓硫酸（2 滴/100 mL），摇匀后贴上标签，在冰箱 4 ℃下保存，用于后续测量较稳定的阴阳离子（1 周内测量完毕）。

（3）悬浮物（SS）的测量。步骤如下：

1）准备。取一张微孔滤膜放入铝盒内，敞口在烘箱内 105 ℃烘干 2 h，密封放入玻璃干燥器内稳定 10 min，在万分之一天平上称重，继续烘干 30 min，冷却后再次称量，直至恒重（两次称量相差不超过 0.0005 g）。至少称量 3 次，恒重 A 取最小值。

2）过滤。从铝盒内取出称量好的滤膜，将其放到真空抽滤装置上，用量筒准确量取水样 300~800 mL，并记录过滤体积 V(mL)，采样瓶底部若有沉淀，应摇匀后再量取水样。

3）称重。用镊子小心取下滤膜，放入原来的铝盒内，敞口放入烘箱内 105 ℃烘干 2 h，密封放入玻璃干燥器内稳定 10 min，在万分之一天平上称重，继续烘干 30 min，冷却后再次称量，直至恒重（两次称量相差不超过 0.0005 g）。至少称量 3 次，恒重 B 取最小值。

4）整理。将干燥后的滤膜分别放入 4 号样品袋，贴上标签冷冻保存。铝盒清理编号后放入耗材柜。

六、实验数据及处理

将实验数据记录至表 1-1 中。

表 1-1　实验数据

项　　目	平行 1	平行 2
时间		
人员		
采样点位置		
水域特征（面积、性状、宽度、流速等）		
天气因素		
水样性状描述（水温、气味、颜色、漂浮物和透明度）		
水样预处理		
原水采集体积/mL		
过滤预处理体积 V/mL		

续表 1-1

项　　目	平行 1	平行 2
加酸保存体积/mL		
铝盒编号		
铝盒+滤膜的质量 A/g		
铝盒+过滤烘干后滤膜的质量 B/g		
悬浮物（SS）的浓度/$mg \cdot L^{-1}$		

注：悬浮物（SS）的浓度由（$B-A$）/（$V \times 10^6$）计算得出。

七、注意事项

（1）采样过程中，要用目标水样润洗采样瓶 2~3 次。

（2）过滤过程中，应保证在完全打开放气阀的情况下拆卸过滤装置；应避免用手直接碰触微孔滤膜，应用镊子进行夹取操作。

八、思考题

（1）请说明如何准确定位采样点。

（2）水样中悬浮颗粒物会影响水样中的哪些阴阳离子测量，如何影响？

（3）河流监测断面的布设原则是什么？

实验二 水样基本物理性质测量

实验类型：验证性　　　实验学时：3　　　实验要求：必修

一、实验目的

（1）观摩酸度计、电导率仪、浊度仪和溶解氧仪的校正过程。

（2）掌握 pH 值、电导率 EC 和溶解性总固体 TDS 的测量方法。

（3）掌握浊度和溶解氧 DO 的测量方法。

二、实验原理、方法和手段

水溶液的酸度通常用 pH 值表示，pH 值等于溶液中氢离子浓度的负对数，即 $pH = -\lg c_{H^+}$。利用电位法测定溶液 pH 值方便、迅速、准确。当以 pH 玻璃电极为指示电极，甘汞电极为参比电极，插入溶液中时，构成一个电池反应，两者之间形成一个电位差，该电位差的大小取决于试液中氢离子的浓度，构成能斯特方程：$\Delta E = -K \cdot \lg c_{H^+}$。在 25 ℃时，每相差一个 pH 值单位，就产生 59.156 mV（斜率 K）的电位差，pH 值可以从仪器上直接读出。

电导率用于指示水溶液总盐分浓度的高低。用电导率仪和电导电极配合使用测量水溶液的电导率。《食品安全国家标准　饮用天然矿泉水检验方法》（GB/T 8538—2008）中溶解性总固体 TDS 表示水中可溶性物的总量，包括有机可溶物和无机可溶物，通过将 0.45 μm 微孔滤膜的单位体积溶液在水浴上蒸干后，烘至恒重的固体物。当水溶液中有机可溶物含量少时，TDS 指示水中可溶盐分的高低，可用 TDS 与电导率的线性关系换算得出。

溶解氧仪用于测量溶解在水溶液内的氧气的含量。溶解氧 DO 是水的质量的主要指标之一。天然的溪水净化过程要求有恰当的氧浓度供给有氧生命形态。如水中的氧浓度低于 5.0 mg/L，水生物生存就有困难，浓度越低越困难。例如，氧浓度低于 1~2 mg/L 并持续几个小时将导致水生物大批死亡。溶氧电极用一薄膜将铂阴极、银阳极，以及电解质与外界隔开，一般情况下阴极几乎是和这层膜直接接触的。氧以和其分压成正比的比率透过膜扩散，氧分压越大，透过膜的氧就越多。当溶解氧不断地透过膜渗入腔体，在阴极上还原而产生电流，此电流便会在仪表上显示出来。此电流和溶氧浓度直接成正比，因此校正仪表只需将测得的电流转换为质量浓度单位即可。溶氧浓度通常用 mg/L（每升水的溶氧量）为单位表示。

浊度仪采用光散射原理测量水中悬浮物质含量。水中含有泥土、粉砂、微细有机物、无机物、浮游生物等悬浮物和胶体物都可以使水质变得浑浊而呈现一定浊度，水质分析中规定：1 L 水中含有 1 mg SiO_2所构成的浊度为一个标准浊度单位，简称 1 度。将一定量的硫酸肼与六次甲基四胺聚合，生成白色高分子聚合物福尔马肼（Formazine），以此作为浊度标准溶液，化学稳定性高。根据水的不同用途，对浊度有不同的要求，生活饮用水的浊度不得超过 1 NTU；要求循环冷却水处理的补充水浊度为 2～5 NTU；除盐水处理的进水（原水）浊度应小于 3 NTU；制造人造纤维要求水的浊度低于 0.3 NTU。

三、仪器设备

仪器设备：浊度仪，酸度计，电导率仪，溶解氧仪。

四、所需耗材

人员配置：3 人 1 组。

所需耗材：蒸馏水，50/250 mL 烧杯，吸水纸，蒸馏水洗瓶，电极固定支架。

五、实验步骤

（1）仪器的校正观摩。步骤如下：

1）酸度计的校正。连接电极与酸度计，通电预热 2 min。用蒸馏水冲洗电极，并用滤纸吸干。按下校正键“CAL”，将电极插入 pH = 6.86 的标准溶液，待显示笑脸“☺”后按下校正键，用蒸馏水冲洗电极并擦干；依据待测溶液的酸（或碱）性，选择 pH = 4.00（或 9.18）的标准溶液对电极进行校正。选择 3 点校正后，仪器自动进入测量状态。选择 2 点（或 1 点）校正，需按下“ENTER”键进入测量状态。

注意：将电极插入校正溶液前，用蒸馏水充分冲洗，用滤纸吸干，再浸入校正液中，适当摇动校正液，等待仪器稳定显示该校正液的 pH 值（会随着温度的变化而变化，见表 2-1）。

表 2-1 标准缓冲溶液的 pH 值与温度对照表

温度/ ℃	标准缓冲溶液的 pH 值			电极理论斜率 K/mV · pH^{-1}
	邻苯二甲酸氢钾（0.05 mol/L）	混合磷酸盐（0.025 mol/L）	硼砂（0.01 mol/L）	
5	4.00	6.95	9.39	55.188
10	4.00	6.92	9.33	56.180
15	4.00	6.90	9.28	57.172
20	4.00	6.88	9.23	58.164
25	4.00	6.86	9.18	59.156
30	4.01	6.85	9.14	60.148
35	4.02	6.84	9.11	61.114

2）电导率仪的校正。目前，实验室配备的 SX813 型电导率仪具有内置温度自动补偿功能，设置的基准温度是 25 ℃，当测量温度与基准温度偏离较大时，需参照说明书调整

基准温度。仪器匹配的 2301T-Q 型电导电极常数 $K=1.0\ cm^{-1}$，设置 3 个校准点为“*L*”“*M*”和“*H*”，分别对应校准值（中国标准 CH）146.6 μS/cm、1408 μS/cm 和 12.85 mS/cm，对应较软地表水、普通地表（下）水和高矿化度地下水或咸水的电导率测量。正常情况下推荐每月校准一次。

连接电极与电导率仪，通电预热 2 min。用蒸馏水冲洗电极，并用滤纸吸干。短按校正键“CAL”，将电极插入 1408 μS/cm 的标准溶液，待显示笑脸“☺”后按下校正键，几秒后用蒸馏水冲洗电极并擦干；依据待测溶液的电导率范围，选择 146.6 μS/cm（或 12.85 mS/cm）的标准溶液对电极进行校正。选择 3 点校正后，仪器自动进入测量状态。选择 2 点（或 1 点）校正，需按下“ENTER”键进入测量状态。

注意：将电极插入校正溶液前，用蒸馏水充分冲洗，用滤纸吸干，再浸入校正液中，适当摇动校正液，等待仪器显示稳定值后读数。

3）浊度仪的校正。开机预热 10 min 后，进入校准操作。按“设置”键 2 次，进入 CS1 量程（0~10 NTU）校准状态；或者按键 3 次，进入 CS2 量程（0~100 NTU）校准状态；或者按键 4 次，进入 CS3 量程（0~500 NTU）校准状态；或者按键 5 次，进入 CS4 量程（0~1000 NTU）校准状态。

以 CS1 量程为例，用蒸馏水注入浊度杯的刻度线，旋紧盖子，用滤纸吸干浊度杯外壁的水分，用擦镜纸擦拭浊度杯，手指持在浊度杯刻度线上方，放入测量池，盖上盖子，按“调零”键，使显示值为“0”；换上 10 NTU 标准液，等待 10 s，按“校正”键，使显示值为 10 NTU。最后按“存储/打印”键，退出设置状态，进入测量状态。

注意：每个量程校正均需按“调零”“校正”和“存储/打印”键。

4）溶氧仪的校正。连接电极与电导率仪，通电预热 2 min。将蒸馏水注入校准套中，倾出多余的蒸馏水，保持校准套底部海绵的润湿，将溶氧电极插入校准套中，旋紧帽子，竖直放置，按下“CAL”键并等待 3~5 min，待显示值很稳定并出现笑脸“☺”时，再按“CAL”键校准，仪器显示“100%”，然后仪器自动返回测量模式。每天第一次开机需饱和氧校准一次。

注意 1：当仪器显示值偏离饱和氧含量（见表 2-2）较远时，应检查电极隔膜帽内的电解液是否充足，当存在大气泡时，应添加电解液后再旋上，将电极接入仪器，极化5 min后测量。当隔膜帽上的敏感膜破裂或出现皱纹、破损时，应及时更换隔膜帽，更换后重新校正。

表 2-2　氧气在不同温度水中的饱和氧含量

温度/℃	溶解氧/mg·L^{-1}	温度/℃	溶解氧/mg·L^{-1}	温度/℃	溶解氧/mg·L^{-1}	温度/℃	溶解氧/mg·L^{-1}
11	11.01	16	9.86	21	8.90	26	8.11
12	10.77	17	9.66	22	8.73	27	7.96
13	10.53	18	9.46	23	8.57	28	7.82
14	10.30	19	9.27	24	8.41	29	7.69
15	10.08	20	9.08	25	8.25	30	7.56

注：测量时压强为 101.33 kPa。

注意 2：当仪器显示值响应缓慢时，应检查电极阴极（黄金片）是否存在钝化膜，取出细砂纸小心打磨黄金片，旋上隔膜帽，零氧校正（新配制的 5%亚硫酸钠溶液）后测量（实验室管理人员操作）。

（2）水样的测量。步骤如下：

1）pH 值的测量。取 50 mL 的待测溶液（原水）于 50 mL 的烧杯中，在测量前，应先用蒸馏水冲洗电极 2 次，用滤纸吸干，然后将电极插入水样中，适当摇动烧杯，读取稳定的 pH 值。平行测量 3 份。

2）电导率的测量。量取 50 mL 的待测溶液（过滤后）于 50 mL 的烧杯中，应先用蒸馏水冲洗电极 2 次，用滤纸吸干，然后将电极插入，将电导率仪模式调节到“COND”，适当摇动烧杯，读取稳定数值。平行测量 3 份。

3）溶解性固定 TDS 的测量。在测量电导率的同时，将电导率模式调节为“TDS”，稳定后读取数值。平行测量 3 份。

4）溶解氧 DO 的测量。将溶解氧电极连接溶氧仪，预热后校正电极。将电极插入溶解氧瓶（原水）中，保持 45°~75°方向，并轻微摇晃电极（移动速度不大于 5 cm/s），持续 3~5 min，待稳定后读数。平行测量 3 次。

5）浊度的测量。将原水采样瓶摇匀，将水样加到浊度杯的刻度线，旋紧盖子，用滤纸吸干浊度杯外壁的水分，用擦镜纸擦拭浊度杯，手指持在浊度杯刻度线上方，摇匀后放入浊度仪测量池，盖上测试盖，等待约 10 s 读取数值。平行测量 3 次。

六、实验数据及处理

列表列出各测量数据，包括 pH 值、EC、TDS、DO 和浊度，计算平均值和标准差。实验数据及计算结果见表 2-3。

表 2-3 实验数据及计算结果

项　目		平行 1	平行 2	平行 3	平均值±标准差
pH 值	校正方案				
EC/$\mu S \cdot cm^{-1}$	校正方案				
TDS/$mg \cdot L^{-1}$					
DO/$mg \cdot L^{-1}$	校正方案				
浊度/NTU	校正方案				

七、注意事项

（1）实验过程中，应避免用手直接碰触电极头部玻璃膜，以免污损电极；避免倒立电极，以免电极液漏出，应固定在电极架上进行操作，避免碰损电极。

（2）测量水样酸度时，选择合适的标准溶液进行斜率校正。一般一周应进行一次 3 点校正，一天可进行一次 1 点校正。

（3）测量水样的电导率时，应避免电极的两个铂片之间存在气泡。

（4）用溶解氧瓶采样过程中，应避免瓶内有气泡和晃动瓶体，在采样后 30 min 内测量完毕。

八、思考题

（1）用溶解氧瓶采样过程中，瓶内有气泡和晃动瓶体会对测量结果造成什么影响？

（2）测量碱性水样时，空气中的二氧化碳浓度影响 pH 值的测量结果吗，怎样影响？

（3）当水样中的有机物含量高时，会对电极法测量 TDS 产生怎样的影响？

实验三　水中化学需氧量分析

实验类型：验证　　　实验学时：3　　　实验要求：必修

一、实验目的

（1）了解化学需氧量的含义和重铬酸钾氧化反应原理。

（2）熟悉 COD 快速管式消解仪的界面操作。

（3）掌握氧化-还原滴定反应的操作步骤和终点判定。

二、实验原理、方法

化学需氧量是指在一定条件下，用强氧化剂处理水样时所消耗的氧化剂的量，单位为 mg/L。它是指示水体被还原性物质污染的主要指标。还原性物质包括各种有机物、亚硝酸盐、亚铁盐和硫化物等，但水体受有机物污染是极为普遍的，因此，化学需氧量可作为衡量水体中有机物相对含量的重要指标之一。

$$K_2Cr_2O_7 + 6FeSO_4 + 7H_2SO_4 \longrightarrow Cr_2(SO_4)_3 + K_2SO_4 + 3Fe_2(SO_4)_3 + 7H_2O$$

重铬酸钾方法是在强酸性溶液中加入准确过量的重铬酸钾，将水样中还原性物质（主要是有机物）氧化，过量的重铬酸钾以试亚铁灵作指示剂，用硫酸亚铁铵溶液回滴，根据所消耗的重铬酸钾量计算水样中的化学需氧量。重铬酸钾是一种强氧化剂，可以氧化有机物的种类较多，但对直链脂肪族和芳香族有机化合物的氧化效果较差，所以通常加入硫酸银作为催化剂，从而提高测定方法的氧化能力。

三、仪器设备与所需耗材

人员配置：3 人 1 组。

仪器设备：COD 快速管式消解仪，铁架台，酸式滴定管。

所需耗材：250 mL 锥形瓶 3 个，ϕ16 mm 敞口消解管 6 支，5 mL 移液管，50 mL 量筒，50 mL 烧杯。

四、实验试剂

（1）LH-D 试剂（重铬酸钾（1/6 $K_2Cr_2O_7$）标准溶液（0.60 mol/L））；称取预先在 120 ℃烘干 2 h 的基准纯重铬酸钾 29.4192 g 溶于水中，加入硫酸溶液（1+1）100 mL，移入 1000 mL 容量瓶中，稀释至标线，摇匀。

（2）LH-E 试剂（硫酸-硫酸银催化剂）：于 1000 mL 浓 H_2SO_4中加入 10 g 硫酸银，放置 1~2 d，不时摇动使其溶解，避光保存；

（3）试亚铁灵指示剂：溶解 0.7 g 七水合硫酸亚铁（$FeSO_4 \cdot 7H_2O$）于 50 mL 的水中，加入 1.5 g 邻菲罗啉，搅动至溶解，加水稀释至 100 mL，贮于棕色瓶内。

（4）重铬酸钾（1/6 $K_2Cr_2O_7$）标准溶液（0.1000 mol/L）：称取预先在 120 ℃烘干 2 h的基准纯重铬酸钾 4.9032 g 溶于水中，移入 1000 mL 容量瓶中，稀释至标线，摇匀。

（5）硫酸亚铁铵标准溶液(0.025 mol/L)：称取 9.80 g 硫酸亚铁铵($(NH_4)_2Fe(SO_4)_2 \cdot 6H_2O$）溶于水中，边搅拌边缓慢加入 20 mL H_2SO_4（1+3），移入 1000 mL 容量瓶中，加水稀释至标线摇匀，临用前用 $K_2Cr_2O_7$标准溶液标定。用无分度移液管准确吸取 10.00 mL 0.1 mol/L 重铬酸钾标准液于 500 mL 锥形瓶中，加蒸馏水 90 mL，缓慢加入10 mL浓硫酸，混匀。冷却后，加入 3 滴试亚铁灵指示剂，用硫酸亚铁铵溶液滴定，溶液颜色由黄色经蓝绿色至红褐色即为终点 V_0。计算硫酸亚铁铵的浓度 $1/V_0$。

（6）邻苯二甲酸氢钾（$C_6H_5O_4K$）标准溶液（$COD_{Cr}^{\theta}=500$ mg/L）：称取 105 ℃时干燥2 h的邻苯二甲酸氢钾 0.4251 g 溶于水，并稀释至 1000 mL，混匀。以重铬酸钾为氧化剂，将邻苯二甲酸氢钾完全氧化的 COD 值为 1.176（指 1 g 邻苯二甲酸氢钾耗氧 1.176 g），故该标准溶液的理论 COD 值为 500 mg/L。

五、实验步骤

（1）仪器准备。步骤如下：

1）连接消解器电源，打开开关。消解器显示进入初始界面。

2）按确定键进入消解界面，消解器自动开始加热（设置 165 ℃下消解 20 min）。

（2）水样的消解。步骤如下：

1）取 0.1 g（约米粒大小）硫酸汞于干净消解管中，依次再移入 2.00 mL 待测水样，1.0 mL LH-D 试剂，5.0 mL LH-E 试剂，振荡摇匀 2 min。

2）当消解器温度达到 165 ℃，放入消解管，按下消解键，开始计时。

3）消解结束后，取出消解管于管架上空冷 2 min，再将管架放入水槽水冷 2 min。

（3）滴定。将消解管内液体完全转移入锥形瓶中，并用量筒量取 40 mL 蒸馏水分多次冲洗入锥形瓶中，加入 2 滴指示剂，用硫酸亚铁铵溶液（0.025 mol/L）滴定，溶液颜色由黄色经蓝色突变到红褐色即为终点，记录溶液用量 V_1 mL，小数点后保留两位有效数字。

（4）空白试验。用 2.00 mL 蒸馏水代替待测水样，同实验步骤（1）和（2），溶液用量为 V_0（mL）。

（5）校准试验。用 2.00 mL COD 值为 500 mg/L 的标准溶液代替待测水样，同步骤（1）和（2），溶液用量为 V_1^{θ}（mL）。

六、实验数据及处理

待测水样　　$COD_{Cr}=(V_0-V_1)\times c_1\times 8\times 1000/2.00$　　（3-1）

式中　COD_{Cr}——待测水样的 COD 值，mg/L；

V_0——滴定空白时硫酸亚铁铵标准溶液消耗的平均体积，mL；

V_1——滴定水样时硫酸亚铁铵标准溶液消耗的平均体积，mL；

c_1——硫酸亚铁铵标准溶液的浓度，mol/L，$c_1=1/V_0$；

8——氧（1/2）摩尔质量，g/moL；

测试误差 $E=[(\mathrm{COD}_{\mathrm{Cr}}^{\theta}-500)/500]\times100\%$。

测试误差应小于10%，否则应重新实验；测试误差小于2%，可定为优秀。

实验数据见表3-1。

表3-1 实验数据

项目	平行1	平行2	平均值±标准差	水样COD值/mg·L^{-1}
硫酸亚铁铵滴定量/mL				
重铬酸钾的标定				
空白试验 V_0				—
待测水样 V_1				
校准实验 V_1^{θ}				

注：重铬酸钾的标定由助教操作。

七、注意事项

（1）对浑浊及悬浮物较多的水样，应过滤后再测量，以避免产生较大误差。

（2）$\mathrm{COD}_{\mathrm{Cr}}$小于10 mg/L的水样，应表示为$\mathrm{COD}_{\mathrm{Cr}}$<10 mg/L。

（3）干扰消除，本法主要干扰为Cl^-，可加汞盐络合消除。

（4）样品消解过程中，当$V<(1/2)V_0$，应减少样品量（不小于1 mL）重新测试；当V和V_0差值小于1.0 mL，应增加样品量（不大于4 mL）重新测试。

（5）滴定后产生的废液应收集在实验室统一存放的废液桶中。

（6）土壤样品（烘干质量m）测试有机质过程：取样0.2 g（植物样品0.02 g，精确到0.0001 g），以同等质量的石英砂作为空白。LH-D试剂取5.0 mL，其他步骤同水样测试，采用0.1 mol/L硫酸亚铁铵溶液进行滴定。土壤碳含量（质量分数，mg/g）$X=(V_0-V)\times0.1\times0.3/m$，有机质含量需乘以1.724的校正系数。

八、思考题

（1）测量水样消解后$\mathrm{COD}_{\mathrm{Cr}}$的测量方法包括滴定法和比色法，对比两种方法的优缺点。

（2）实验中加入硫酸汞和硫酸银的目的分别是什么？

实验四　水中高锰酸盐指数分析

实验类型：验证性　　　实验学时：3　　　实验要求：选修

一、实验目的

（1）掌握光度法测量高锰酸盐指数的方法。

（2）掌握管式光度计的使用。

二、实验原理、方法

水中高锰酸盐指数是以高锰酸钾溶液为氧化剂测得的化学耗氧量，以前称为锰法化学耗氧量，仅限于测定地表水、饮用水和生活污水，不适用于测定工业废水。此指标通常可以反映天然水体中易还原有机物质的尺度。

此方法的测试原理为：在酸性溶液中，高锰酸钾将水中易还原性物质氧化，碘化钾继而与过量的高锰酸钾反应生成黄色的单质碘，其在 420 nm 下有特征吸收峰值，测定其吸光度可作为定量计算水中高锰酸盐指数的依据。

$$6H^+ + 2MnO_4^- + 5HCOOH \longrightarrow 8H_2O + 2Mn^{2+} + 5CO_2$$

$$10I^- + 2MnO_4^- + 16H^+ \longrightarrow 2Mn^{2+} + 5I_2 + 8H_2O$$

酸性高锰酸钾法适用于氯离子含量（质量浓度）不超过 300 mg/L 的水样。当高锰酸盐指数超过 6 mg/L 时，应少取水样并经稀释后再测定。

三、仪器设备与所需耗材

人员配置：3 人 1 组。

实验仪器：水浴锅，管式消解器，管式光度计。

所需耗材：滴定台，ϕ16 mm 具塞消解管，酸式滴定管，250 mL 三角瓶，移液管。

四、实验试剂

（1）硫酸（1+3）溶液。

（2）草酸钠标准储备溶液（0.1 mol/L）：称取 6.701 g 草酸钠（优级纯），溶解并定容于 1 L 容量瓶中，置于棕色瓶中冷藏保存。

（3）高锰酸钾储备溶液（0.1 mol/L）：称取 3.15 g 高锰酸钾，溶解并定容成 1 L，煮沸 15 min，静置过夜，用玻璃砂芯漏斗过滤至棕色瓶中，冷藏保存。

（4）碘化钾固体粉末。

（5）煮沸并冷却后的蒸馏水。

五、实验步骤

（1）草酸钠溶液（1/2 $Na_2C_2O_4$ 0.01 mol/L）的配制与标定。用大肚移液管移取10.00 mL草酸钠标准储备溶液定容于100 mL容量瓶中。

（2）高锰酸钾溶液（1/5 $KMnO_4$ 0.01 mol/L）的配制与标定。用大肚移液管移取10.00 mL高锰酸钾储备液定容于100 mL容量瓶中。此溶液浓度约为0.01 mol/L，待标定。用大肚移液管移取100 mL蒸馏水，加入250 mL锥形瓶中，用移液管加入硫酸（1+3）溶液5.00 mL，用大肚移液管移入10.00 mL高锰酸钾溶液（0.01 mol/L），在沸水水浴中加热10 min。趁热用移液枪移入10.00 mL草酸钠溶液（0.01 mol/L），摇匀后变为无色，立即用高锰酸钾溶液（0.01 mol/L）滴定至微红色，记录用量 V_0（mL）。平行3份（要求最大平行误差值 $\Delta V<0.2$ mL）。向滴定终点的水样（若温度过低可重新加热2~3 min）中，趁热用移液枪移入10.00 mL草酸钠溶液（0.01 mol/L），立即用高锰酸钾溶液（0.01 mol/L）滴定至微红色，记录用量 V_1（mL），平行3份（要求 $\Delta V<0.2$ mL）。高锰酸钾储备液浓度为 $1/V_1$（mol/L）。滴定终点时要求温度不低于70 ℃（烫手）。取高锰酸钾储备溶液 V_1（mL）加入100 mL容量瓶中，定容后为0.01 mol/L高锰酸钾溶液，当天配制。

（3）草酸钠使用溶液（0.00625 mol/L）的配制。取6.25 mL草酸钠储备溶液定容于100 mL。此溶液高锰酸盐指数为50 mg/L。

（4）水样的测量。准确吸取5.00 mL过滤后水样加入 ϕ16 mm具塞消解管中，加入0.25 mL硫酸（1+3）溶液，密封摇匀，再加入0.50 mL高锰酸钾溶液（0.01 mol/L），密封摇匀。在消解器上100 ℃加热30 min，空冷2 min，水冷2 min，加入碘化钾粉末约0.1 g，再加入10.00 mL煮沸冷却后的蒸馏水，摇匀后静置10 min。以空白试验为参比，选择低量程管比色（420 nm）和曲线NT-20，在管式光度计直接读出高锰酸盐指数 I_{Mn}(mg/L)，平行测试3次。

（5）标准溶液的配制。取50 mL比色管6个，分别加入草酸钠使用溶液0 mL、0.50 mL、1.00 mL、2.00 mL、4.00 mL、6.00 mL，加入蒸馏水至50.00 mL，对应高锰酸盐指数为0 mg/L、0.5 mg/L、1.0 mg/L、2.0 mg/L、4.0 mg/L、6.0 mg/L。按照实验步骤（4），测量吸光度 A。

六、实验数据及处理

以吸光度 A 为横坐标，以高锰酸盐指数0 mg/L、0.5 mg/L、1.0 mg/L、2.0 mg/L、4.0 mg/L、6.0 mg/L为纵坐标绘制标准曲线。求出线性拟合方程 $I_X=b\times A$，其中，b 为斜率，约束截距为零，决定系数 R^2 大于0.99。拟合曲线斜率为负值，取绝对值，修改仪器上曲线斜率，记录曲线编号为NT-20。

根据以上步骤（4），将水样吸光度 A 代入线性拟合方程，求出高锰酸盐指数 I_{Mn}（mg/L）。根据《地表水环境质量标准》（GB 3838—2002）中高锰酸盐指数 I_{Mn} 的标准对水质进行评价：Ⅰ类（$I_{Mn}<2.0$）、Ⅱ类（$2.0\leqslant I_{Mn}<4.0$）、Ⅲ类（$4.0\leqslant I_{Mn}<6.0$）、Ⅳ类（$6.0\leqslant I_{Mn}<10.0$）、Ⅴ类（$10.0\leqslant I_{Mn}<15.0$）、劣Ⅴ类（$I_{Mn}\geqslant 15.0$）。实验数据见表4-1。

表4-1　实验数据

项　　目	平行1	平行2	平行3
滴定量 V_0/mL			
滴定量 V_1/mL			
空白试验			
标准溶液（0.5 mg/L）			
标准溶液（1.0 mg/L）			
标准溶液（2.0 mg/L）			
标准溶液（4.0 mg/L）			
标准溶液（6.0 mg/L）			
标准曲线方程			
测试水样			
水质评价			

七、思考题

（1）水样高锰酸盐指数过大时，要用新煮沸放冷的纯水进行稀释处理，为什么？

（2）空白试验受消解管洁净度的影响会使标线零点偏移，通常做3只空白，选择吸光度小的为空白参照，试解释原因。

实验五　水中碱度组成分析

实验类型：验证性　　　实验学时：2　　　实验要求：选修

一、实验目的

（1）学习盐酸标准溶液的配制和标定。

（2）学习和掌握酸碱滴定分析的基本操作。

（3）掌握酸碱滴定法测水中碱度的原理和方法。

二、实验原理

碱度是指水中含有能与强酸发生中和作用的物质的总量，是衡量水体变化的重要指标，是水的综合性特征指标。碱度主要来自水样中存在的碳酸盐、重碳酸盐及氢氧化物。

（1）酚酞碱度。酚酞作指示剂，用盐酸标准溶液滴定至溶液颜色由红色变为无色为止，盐酸滴定体积为 V_1（mL）。酚酞的变色范围对应的 pH 值为 8~10。

反应式：

$$OH^- + H^+ \xlongequal{} H_2$$

$$CO_3^{2-} + H^+ \xlongequal{} HCO_3^-$$

酚酞碱度（mmol/L）的计算公式如下：

$$\text{酚酞碱度} = \frac{c_{HCl} \times V_1}{V_{水样}} \tag{5-1}$$

式中　c_{HCl}——盐酸标准溶液的浓度，mol/L；

V_1——酚酞作指示剂时盐酸标准溶液消耗的平均体积，mL；

$V_{水样}$——样品测试体积，V 值常取 0.1 L。

（2）总碱度。再加入甲基橙指示剂，用盐酸标准溶液继续滴定至溶液由黄色变为橙红色为止，甲基橙的变色范围对应的 pH 值为 3.1~4.4。

反应式：

$$HCO_3^- + H^+ \xlongequal{} H_2O + CO_2$$

总碱度（mmol/L）的计算公式如下：

$$\text{总碱度} = \frac{c_{HCl} \times (V_1 + V_2)}{V_{水样}} \tag{5-2}$$

式中　V_2——再以甲基橙作指示剂时盐酸标准溶液消耗的平均体积，mL。

（3）氢氧化物、碳酸盐和重碳酸盐

由 V_1 和 V_2 可以判断水中碱度的组成，并据碱度 $= c_{HCl} \times V / V_{水样}$ 计算氢氧化物、碳酸盐和重碳酸盐的含量，其中 V 为碱性化合物的体积。

对于多数天然水样，对其碱性化合物的滴定结果有 5 种情况（见表 5-1）。

表 5-1 水中碱度的组成

滴定结果	氢氧化物（OH^-）	碳酸盐（$1/2\ CO_3^{2-}$）	重碳酸盐（HCO_3^-）
$V_2=0$	V_1	0	0
$V_1>V_2$	V_1-V_2	$2V_2$	0
$V_1=V_2$	0	$2V_1$	0
$V_1<V_2$	0	$2V_1$	V_2-V_1
$V_1=0$	0	0	V_2

盐酸溶液的标定：以甲基橙为指示剂，用已知准确浓度的 Na_2CO_3 标准溶液来标定盐酸（约 0.1 mol/L）的准确浓度，溶液由黄色变至橙红色即为滴定终点。

反应式：

$$Na_2CO_3 + 2HCl = 2NaCl + H_2O + CO_2$$

三、仪器设备及所需耗材

人员配置：3 人 1 组。

实验仪器：万分之一电子天平，滴定台。

所需耗材：称量瓶，250 mL 烧杯 2 个，玻璃棒，250 mL 容量瓶 2 个，250 mL 锥形瓶 3 个，酸式滴定管（50 mL），50/25/10 mL 移液管，100 mL 量筒，吸耳球，胶头滴管，称量纸。

四、实验试剂

（1）盐酸（1+1）。

（2）0.1%甲基橙指示剂（水溶液）。

（3）酚酞指示剂：称取 0.5 g 酚酞，溶于 50 mL 乙醇中，再加入 50 mL 水。

（4）碳酸钠基准固体（120 ℃干燥至恒重，摩尔质量为 105.99 g/moL）。

五、实验步骤

（1）洗净所有玻璃器皿，并检查酸式滴定管、试漏。

（2）Na_2CO_3 标准溶液的配制。用称量纸直接准确称取预先干燥过的无水 Na_2CO_3（M=105.99）固体 1.2~1.4 g（精确到 0.0001 g），置于 250 mL 烧杯中；加入约 100 mL 蒸馏水，用玻璃棒搅拌溶解后，转移至 250 mL 容量瓶中，用少量蒸馏水冲洗烧杯 3~4 次，全部转移至容量瓶中，定容，贴上标签。

（3）盐酸标准溶液（0.1 mol/L）的配制和标定。步骤如下：

1）用移液管取 4.2 mL 盐酸（1+1）于 250 mL 容量瓶中定容。

2）用移液管准确移取 25.00 mL Na_2CO_3 标准溶液于 250 mL 锥形瓶中，加 2 滴甲基橙指示剂，混匀，用盐酸标准溶液（步骤（3）中的 1））滴定至黄色刚好变为橙红色，且摇动不消失为止，计算 V_0。平行测定 3 次，计算盐酸标准溶液的浓度。要求练习达到 $\Delta V \leqslant 0.2$ mL。

（4）水样碱度的测定。步骤如下：

1）用移液管准确移取 100.00 mL 水样于 250 mL 锥形瓶中，加入 3 滴酚酞指示剂，混匀，用盐酸标准溶液滴定至红色变为无色为止，记录并计算 V_1。平行测定至少 3 次。

2）在实验步骤（4）中的 1）的基础上，再加入 3 滴甲基橙指示剂，混匀，用盐酸标准溶液滴定至黄色变为橙红色为止，记录并计算 V_2。平行测定至少 3 次。

六、实验数据及处理

计算 Na_2CO_3 标准溶液的浓度和盐酸标准溶液的浓度。计算碱度的组成：氢氧化物、碳酸盐和重碳酸盐的浓度。实验数据见表 5-2。

表 5-2 实验数据

项 目	平行 1	平行 2	平行 3	平均值
无水碳酸钠/g				
无水碳酸钠浓度/mol · L^{-1}				
盐酸标定体积 V_0/mL				
标准盐酸溶液/mol · L^{-1}				
水样碱度测定				
酚酞 V_1/mL				
甲基橙 V_2/mL				
水样碱度	水样碱度的浓度/mmol · L^{-1}		水样碱度的质量浓度/mg · L^{-1}	
氢氧化物（OH^-）				
碳酸盐（1/2 CO_3^{2-}）				
重碳酸盐（HCO_3^-）				

注：水样碱度中碱性化合物的质量浓度为其阴离子的摩尔质量与摩尔浓度的乘积，摩尔质量 M_{OH^-}、$M_{\frac{1}{2}CO_3^{2-}}$、$M_{HCO_3^-}$ 分别为 17.08 g/mol、30.01 g/mol、61.09 g/mol。

七、思考题

（1）什么情况下选用直接称量法，什么情况下选用差减称量法？

（2）举例说明用烧杯、量筒、滴定管、移液管、容量瓶来量取液体时，数值可精确到哪一位？

（3）在滴定分析中，需要用水样润洗锥形瓶吗，为什么？

实验六　水中总硬度与钙镁组成分析

实验类型：验证性　　　实验学时：3　　　实验要求：选修

一、实验目的

（1）了解水的硬度的测定意义和水硬度常用的表示方法。

（2）掌握 EDTA 标准溶液的标定方法。

（3）掌握 EDTA 法测定水中 Ca^{2+}、Mg^{2+}含量（质量浓度）的原理和方法。

二、实验原理

工业中将含有较多钙、镁盐类的水称为硬水，水的硬度是将水中 Ca^{2+}、Mg^{2+}的总量折合成 CaO 或 $CaCO_3$来计算的。每升水中含 1 mg CaO 定为 1 度，每升水含 10 mg CaO 称为一个德国度（°）。水的硬度用德国度（°）作为标准来划分时，一般把硬度小于 4°的水称为很软水，4°～<8°的水称为软水，8°～<16°的水称为中硬水，16°～<32°的水称为硬水，大于 32°的水称为很硬水。

用 EDTA 进行水的总硬度及 Ca^{2+}、Mg^{2+}含量的测定时可先测定 Ca^{2+}、Mg^{2+}的总量，再测定 Ca^{2+}含量，由总量与 Ca^{2+}含量的差值求得 Mg^{2+}的含量，并由 Ca^{2+}、Mg^{2+}的总量求总硬度。

Ca^{2+}、Mg^{2+}总量的测定：用 NH_3-NH_4Cl 缓冲溶液调节溶液的 pH = 10，在此条件下，Ca^{2+}、Mg^{2+}含量均可被 EDTA 准确滴定。测定时要加入铬黑 T 指示剂，用 EDTA 标准溶液滴定。在滴定过程中，将有 4 种配合物生成，即 CaY、MgY、MgIn、CaIn，它们的稳定性顺序（略去电荷）为：CaY > MgY > MgIn > CaIn。

由此可见，当加入铬黑 T 后，它首先与 Mg^{2+}结合，生成红色的配合物 MgIn，当滴入 EDTA 时，首先与之结合的是 Ca^{2+}，其次是游离态的 Mg^{2+}，最后，EDTA 夺取与铬黑 T 结合的 Mg^{2+}，使指示剂游离出来，溶液的颜色由红色变为蓝色，到达指示终点。

铬黑 T 指示剂显色原理：

$$Mg^{2+} + \underset{\text{蓝色}}{HD^{2-}} \rightleftharpoons \underset{\text{红色}}{MgD^{-}} + H^{+}$$

$$\underset{\text{红色}}{MgD^{-}} + H_2Y^{2-} \rightleftharpoons MgY^{2-} + H^{+} + \underset{\text{蓝色}}{HD^{2-}}$$

Ca^{2+}含量的测定：用氢氧化钠溶液调节待测水样的酸碱度使 pH = 12，将 Mg^{2+}转化为 $Mg(OH)_2$沉淀，使其不干扰 Ca^{2+}含量的测定。滴加少量的钙指示剂，溶液中的部分 Ca^{2+}

立即与之反应生成红色配合物，使溶液呈红色。当滴定开始后，随着 EDTA 标准溶液的不断加入，溶液中的 Ca^{2+} 逐渐被滴定，接近计量点时，游离的 Ca^{2+} 被滴定完后，EDTA 则夺取与指示剂结合的 Ca^{2+} 使指示剂游离出来，溶液的颜色由红色变为蓝色，到达指示终点。

三、所需耗材

人员配置：3 人 1 组。

所需耗材：250 mL 烧杯 2 个，250 mL 容量瓶 2 个，酸式滴定管，玻璃棒，蒸馏水洗瓶，吸耳球，250 mL 锥形瓶 2 个，25/10/5 mL 移液管，表面皿，50 mL 量筒。

四、实验试剂

（1）10%氢氧化钠溶液：取 100 g 氢氧化钠溶解于 500 mL 水中，冷却后定容于 1000 mL的容量瓶中，用塑料试剂瓶保存。

（2）pH = 10 的缓冲溶液：称 20 g 氯化铵溶于约 300 mL 水中，加入 200 mL 氨水（1+1），混合后稀释至 1 L。

（3）铬黑 T 指示剂（将 1 g 铬黑 T 指示剂与 100 g 分析纯 NaCl 混合、磨细，装瓶备用）。

（4）EDTA 标准储备溶液（0.1 mol/L）：取 37.3 g 乙二酸四乙酸二钠溶解于 500 mL 的温水中，冷却后，稀释至 1000 mL。

（5）钙指示剂（1 g 钙羧酸指示剂与 100 g 分析纯 NaCl 混合、磨细，装瓶备用）。

（6）碳酸钙基准物质（120 ℃烘干至恒重）。

（7）盐酸溶液（1+1）。

（8）甲基红指示剂：称取 0.1 g 甲基红，溶于 60% 乙醇溶液中。

（9）氨水溶液（1+1）。

五、实验步骤

（1）EDTA 标准溶液的配制与标定：

1）EDTA 标准溶液的配制。移取 25.00 mL EDTA 标准储备溶液，稀释到 250 mL 容量瓶中。

2）配制 Ca^{2+} 标准溶液。用减量法准确称取 0.2～0.25 g 经 120 ℃烘干的基准碳酸钙（M = 100.09 g/moL）于 250 mL 烧杯中，先用少量水湿润，盖上表面皿，缓慢滴加盐酸溶液（1+1）10 mL，摇动溶解。溶解后用少量水冲洗表面皿与烧杯壁，冷却后，将溶液转移至250 mL容量瓶中，用水稀释至刻度，摇匀。计算钙标准溶液浓度 c_1，贴上标签。

3）用移液管平行移取 3 份 Ca^{2+} 标准溶液 25.00 mL 分别于 250 mL 锥形瓶中，加甲基红指示剂 1 滴，用氨水溶液（1+1）调至由红色变为淡黄色，用量筒加入约 20 mL 水和 pH = 10 的缓冲溶液 10.00 mL，铬黑 T 指示剂少许（约 0.1 g），摇匀。用 EDTA 溶液滴定至溶液由紫红色变为纯蓝色，即为终点。记录用量。c_{EDTA} 的计算：

$$c_{EDTA} = 25c_1/V \tag{6-1}$$

式中　c_{EDTA}——EDTA 标准溶液的浓度，mol/L；

V——EDTA 标准溶液的耗量，mL。

（2）用移液管移取 50.00 mL 待测水样于 250 mL 三角瓶中，加入 pH=10 的氨性缓冲溶液 5.00 mL，铬黑 T 指示剂少许（约 0.1 g），用 EDTA 溶液滴定至溶液由紫红色变为纯蓝色，即为终点。平行 3 份，记录用量 V_1(mL)。

（3）另取 50.00 mL 水样于 250 mL 锥形瓶中，加入 5.00 mL 10% NaOH 溶液摇匀，加入少许（约 0.1 g）钙指示剂，用 EDTA 标准溶液滴定至酒红色变为纯蓝色。记录 EDTA 用量 V_2(mL)，平行 3 份。

六、实验数据及处理

$\rho_{Ca^{2+}}$、$\rho_{Mg^{2+}}$和总硬度的计算公式如下，单位分别为 mg/L、mg/L 和（°）。

$$\rho_{Ca^{2+}} = c_{EDTA} \times V_2 \times M_{Ca^{2+}} \times 1000/V \tag{6-2}$$

$$\rho_{Mg^{2+}} = c_{EDTA} \times (V_1 - V_2) \times M_{Mg^{2+}} \times 1000/V \tag{6-3}$$

$$总硬度 = c_{EDTA} \times V_1 \times M_{CaO} \times 1000/V/10 \tag{6-4}$$

式中　c_{EDTA}——EDTA 标准溶液的浓度，mol/L；

V_2——钙指示剂终点 EDTA 的用量，mL；

$M_{Ca^{2+}}$——钙的摩尔质量，40.078 g/mol；

V——水样体积，mL；

V_1——铬黑 T 终点 EDTA 的用量，mL；

$M_{Mg^{2+}}$——镁的摩尔质量，24.305 g/mol；

M_{CaO}——氧化钙的摩尔质量，56.08 g/mol。

实验数据见表 6-1。

表 6-1　实验数据

项　目	平行 1	平行 2	平行 3	平均值±标准差
基准碳酸钙/g				
钙标准溶液浓度 c_1/mol·L^{-1}				
EDTA 滴定量/mL				
EDTA 浓度/mol·L^{-1}				
水样测定				
水样体积/mL				
钙镁总量 V_1/mL				
钙用量 V_2/mL				
水样总硬度/(°)				
钙浓度/mg·L^{-1}				
镁浓度/mg·L^{-1}				

七、注意事项

（1）加铬黑 T 指示剂时不宜过多（约 0.1 g，米粒大小），应从少到多，否则会影响滴定终点。

（2）如果是冷藏酸化的水样，应恢复至室温后，加入 2 滴甲基红指示剂，用氨水（1+1）调节溶液由红色变为淡黄色后再测量。如果是新鲜水样，应过滤后进行测量。

八、思考题

（1）EDTA、铬黑 T 分别与 Ca^{2+}、Mg^{2+}形成配合物的稳定性顺序如何？

（2）为什么滴定 Ca^{2+}、Mg^{2+}总量时要控制溶液酸碱度使 pH = 10，滴定 Ca^{2+}时要控制溶液的酸碱度使 pH = 12？

实验七　水中氯离子浓度分析

实验类型：验证性　　　实验学时：2　　　实验要求：选修

一、实验目的

（1）学习沉淀滴定法测量水中氯化物的原理。
（2）掌握沉淀滴定法终点判定的依据。

二、实验原理、方法和手段

在中性或弱碱性溶液中，以铬酸钾为指示剂，用硝酸银滴定氯化物时，由于氯化银的溶解度小于铬酸银，氯离子首先被完全沉淀，其次铬酸根才以铬酸银形式沉淀出来，产生砖红色物质，指示氯离子滴定的终点。沉淀滴定反应如下：

$$Ag^+ + Cl^- \longrightarrow \underset{\text{白色沉淀}}{AgCl\downarrow}$$

$$2Ag^+ + CrO_4^{2-} \longrightarrow \underset{\text{砖红色沉淀}}{Ag_2CrO_4\downarrow}$$

铬酸根离子的浓度与沉淀形成的快慢有关，必须加入足量的指示剂。且有稍过量的硝酸银与铬酸钾形成铬酸银沉淀的终点较难判断，所以需要以蒸馏水作空白滴定，以进行对照判断（使终点色调一致）。

硝酸银容量法为经典方法，此法简单，适用于较清洁水样的测定。缺点为受指示剂颜色干扰，滴定终点不够明显，必须在有空白对照下滴定，当水中氯化物含量较高时，终点更难识别。

三、仪器设备

人员配置：3 人 1 组。

仪器设备：滴定台，酸式滴定管，250 mL 锥形瓶 3 个，25 mL 球形移液管，1 mL 移液管，滤纸，pH 试纸，100 mL 容量瓶，250 mL 烧杯。

四、实验试剂

（1）氯化钠标准储备溶液（0.141 mol/L）：将基准试剂氯化钠置于坩埚内，在 500～600 ℃下加热 40～50 min。冷却后称取 8.2400 g 溶于蒸馏水，置于 1000 mL 容量瓶中，用水稀释至标线。

（2）硝酸银标准溶液（约 0.0141 mol/L）：称取 2.395 g 硝酸银，溶于蒸馏水并稀释至 1000 mL，贮存于棕色瓶中。

（3）铬酸钾指示剂：称取 5 g 铬酸钾溶于少量水中，滴加几滴硝酸银标准溶液至有红色沉淀生成，摇匀。静置 12 h，然后过滤并用水将滤液稀释至 100 mL。

（4）酚酞指示剂：称取 0.5 g 酚酞，溶于 50 mL 乙醇中，再加入 50 mL 水。

（5）硫酸溶液（1/2 H_2SO_4）：浓度为 0.05 mol/L。

（6）0.2% 氢氧化钠溶液：称取 0.2 g 氢氧化钠，溶于水中并稀释至 100 mL。

（7）氢氧化铝悬浮液：溶解 125 g 十二水硫酸铝钾（$KAl(SO_4)_2 \cdot 12H_2O$）置于 1 L 蒸馏水中，加热至 60 ℃，然后边搅拌边缓缓加入 55 mL 氨水。放置约 1 h 后，移至一个大瓶中，用倾泻法反复法洗涤沉淀物，直到洗涤液不含氯离子为止。加水至悬浮液体积约为 1 L。

五、实验步骤

（1）样品预处理。若无以下各种干扰，预处理步骤可省去。

1）水样含有胶体物质，呈不透明状，则取 150 mL 水样，置于 250 mL 锥形瓶内，加入 2 mL 氢氧化铝悬浮液，振荡过滤，弃去最初的 20 mL 滤液，收集剩余滤液进行测量。

2）水样的高锰酸盐指数超过 15 mg/L，可加入少量高锰酸钾晶体，煮沸。加入数滴乙醇以除去多余的高锰酸钾，再进行过滤。

3）水样的 pH 值为 6~9 时，可直接滴定。超出此范围的水样应以酚酞作指示剂，用 0.05 mol/L 硫酸溶液或 0.2% 氢氧化钠溶液调节至 pH 值约为 8.0。

（2）配制氯化钠标准使用溶液（0.0141 mol/L）。吸取氯化钠标准储备溶液（试剂 1）10.00 mL，用水定容至 100 mL，此溶液每毫升含 0.500 mg 氯化物（Cl^-）。

（3）硝酸银滴定溶液的标定。用上述氯化钠标准使用溶液标定，吸取 25.00 mL 氯化钠标准使用溶液置于锥形瓶中，加蒸馏水 25 mL，平行 2 份。各加入 1.00 mL 铬酸钾指示剂，在不断摇动下用硝酸银标准溶液（试剂 2）滴定，至砖红色刚刚出现。

（4）样品的测定。取 50.00 mL 水样或经过处理的水样（若氯化物含量高，可取适量水样用水稀释至 50 mL）置于锥形瓶中，加入 1.00 mL 铬酸钾溶液，用硝酸银标准溶液（试剂 2）滴定至砖红色沉淀刚刚出现即为终止，平行 3 份。

（5）进行空白试验。取 2 个锥形瓶，取 50.00 mL 蒸馏水作为空白。各加入 1.00 mL 铬酸钾指示剂，在不断摇动下用硝酸银标准溶液（试剂 2）滴定，至砖红色刚刚出现即为终止。

六、实验数据及处理

水中氯化物（Cl^-）的浓度计算如下，单位为 mg/L。

$$\rho_{Cl^-} = \frac{(V_2 - V_1) \times M \times 35.45 \times 1000}{V} \tag{7-1}$$

式中　V_2——水样消耗硝酸银标准溶液体积，mL；

V_1——蒸馏水（空白试验）消耗硝酸银标准溶液体积，mL；

M——硝酸银标准溶液浓度，mol/L；

V——水样体积，mL；

35.45——氯化物（Cl^-）的摩尔质量，g/mol。

根据《地表水环境质量标准》（GB 3838—2002）中集中式生活饮用水地表水水源补充项目标准限制（氯离子浓度为 250 mg/L），对水质进行评价。实验数据见表 7-1。

表 7-1　实验数据

项　　目	平行 1	平行 2	平行 3	平均值	标准差
氯化钠标定用量/mL					
硝酸银的浓度/$mol \cdot L^{-1}$					
水样移取体积 V/mL					
水样滴定用量 V_2/mL					
空白滴定用量 V_1/mL					
氯化物浓度/$mg \cdot L^{-1}$					
水质评价					

七、注意事项

（1）本法滴定不能在酸性溶液中进行。在酸性介质中 CrO_4^{2-} 会按下式反应而使浓度大大降低，影响等当点时 Ag_2CrO_4 沉淀的生成。

反应式：　　$2CrO_4^{2-} + 2H^- \longrightarrow 2HCrO_4 \longrightarrow Cr_2O_7^{2-} + H_2O$

本法也不能在强碱性介质中进行，因为 Ag^+ 将形成 Ag_2O 沉淀。其适应的 pH 值范围为 6.5~9.0，测定时应注意调节水样的 pH 值。

（2）铬酸钾溶液的浓度影响终点到达的早晚。在 50~100 mL 被滴定液中加入 5% 铬酸钾溶液 1 mL，使 CrO_4^2 的浓度为 $2.6 \times 10^{-3} \sim 5.2 \times 10^{-3}$ mol/L。在滴定终点时，硝酸银加入量略过终点，误差不超过 0.1%，可用空白测定消除。

（3）对于滴定终点不易判断的问题，建议尝试用磁力搅拌器代替人工搅拌。

八、思考题

（1）配制铬酸钾沉淀指示剂时，为什么必须静置 12 h 再过滤？

（2）为什么调节水样的 pH 值时要以酚酞作为指示剂？

实验八　水中硫酸根浓度分析

实验类型：验证性　　　实验学时：2　　　实验要求：选修

一、实验目的

（1）掌握光度法测量硫酸根离子的方法。

（2）掌握管式光度计的使用。

（3）学习并掌握外标标准曲线校正法。

二、实验原理、方法

硫酸根（SO_4^{2-}）是水中最常见的阴离子之一。在酸性溶液中，铬酸钡与硫酸根生成硫酸钡沉淀，并释放出铬酸根离子。溶液中和后多余的铬酸钡及生成的硫酸钡仍是沉淀状态，经过滤除去沉淀。在碱性条件下，铬酸根离子呈黄色，在 420 nm 下测定其吸光度即可知硫酸根离子的含量。

本方法适用于一般地表水、地下水中含量较低硫酸根离子的测定。本方法适用的浓度范围为 8～100 mg/L。

三、实验仪器与所需耗材

人员配置：3 人 1 组。

实验仪器：管式光度计，管式消解器。

所需耗材：20 mL 针筒，水系微孔滤头，ϕ16 mm 具塞消解管，哈希具塞比色管，10 mL大肚移液管，50 mL 比色管，吸耳球。

四、实验试剂

（1）铬酸钡粉末。称取 19.44 g 铬酸钾和 24.44 g 氯化钡分别溶于水中，加热至沸腾。将两溶液共同倾入 3 L 烧杯中，生成铬酸钡沉淀（过夜保存），待沉淀下降后，倾出上清液，在布氏漏斗上真空过滤，用蒸馏水洗涤沉淀多次，直到滤液呈无色，不含铬酸根和氯离子，将沉淀物质在 80 ℃烘箱中烘干 8～10 h，研磨后即可得到铬酸钡粉末。

（2）浓氨水。

（3）盐酸（1+1）。

（4）硫酸盐标准溶液（$\rho_{SO_4^{2-}}=1.00$ mg/mL）：称取 1.4786 g 无水硫酸钠（优级纯）或 1.8141 g 无水硫酸钾（优级纯）溶解于蒸馏水中，定容于 1 L 容量瓶中。

五、实验步骤

（1）将原水经 0.45 μm 微孔滤膜过滤。

（2）准确吸取 10.00 mL 过滤后水样加入 ϕ16 mm 具塞消解管中，加入 3 滴盐酸（1+1），密封在消解器上 100 ℃加热 10 min，加入约 0.1 g 铬酸钡沉淀，摇匀继续加热 10 min，空冷2 min,滴加浓氨水 0.4 mL（7~8 滴）至柠檬黄色出现。摇匀后静置 10 min，用针筒过滤器过滤，滤液放入哈希比色管内，以空白试验为参比，选择低量程管比色（420 nm）和曲线 NT-20，在管式光度计上直接读出硫酸根浓度 $\rho_{SO_4^{2-}}$(mg/L)。平行 3 次。

（3）标准曲线的绘制。取 50 mL 比色管 6 个，分别加入硫酸盐标准溶液 0 mL、0.50 mL、1.00 mL、2.00 mL、3.00 mL、5.00 mL 用蒸馏水定容至刻度，对应硫酸根浓度为0 mg/L、10 mg/L、20 mg/L、40 mg/L、60 mg/L、100 mg/L。按照步骤（1），以空白试验为参比，选择低量程管比色（420 nm）下测量吸光度 A。

六、实验数据及处理

根据步骤（3），以吸光度 A 作横坐标，以硫酸根含量 0 mg/L、10 mg/L、20 mg/L、40 mg/L、60 mg/L、100 mg/L 为纵坐标，绘制标准曲线。求出线性拟合方程 $\rho_{SO_4^{2-}} = b_{SO_4^{2-}} \times A$，其中，$b$ 为斜率，约束截距为零，决定系数 R^2大于 0.99，修改管式光度计上的曲线斜率。记录曲线编号为 NT-21。

根据步骤（2），以空白试验为参照，将水样吸光度 A 代入线性拟合方程，求出硫酸根浓度 $\rho_{SO_4^{2-}}$（mg/L）。根据《地表水环境质量标准》（GB 3838—2002）中集中式生活饮用水、地表水水源补充项目标准限制（硫酸根的浓度为 250 mg/L），对水质进行评价。实验数据见表 8-1。

表 8-1　实验数据

项　　目	平行 1	平行 2	平行 3
空白试验			
标准溶液（10 mg/L）			
标准溶液（20 mg/L）			
标准溶液（40 mg/L）			
标准溶液（60 mg/L）			
标准溶液（100 mg/L）			
标准曲线			
水样中硫酸根浓度 $\rho_{SO_4^{2-}}$/mg·L^{-1}			
水质评价			

七、思考题

（1）标准线性拟合方程的截距（不约束为零）与原点的关系如何，原点在拟合曲线的上方、下方和线上分别指示什么含义？

（2）铬酸钡粉末加入过量是否会对实验结果产生影响？

实验九　水中六价铬浓度分析

实验类型：验证性　　　实验学时：2　　　实验要求：选修

一、实验目的

（1）掌握水中六价铬浓度的测定方法。

（2）学习可见光分光光度计的使用。

（3）学习标准曲线的单点校正法与标准加入的多点校正法。

二、实验原理、方法和手段

在酸性条件下，六价铬与二苯碳酰二肼（DPC）反应，生成紫红色配合物，该配合物的最大吸收波长为540 nm，摩尔吸光系数为4×10^{4} L/(mol · cm)，吸光度与浓度的关系符合比尔定律。

反应式：

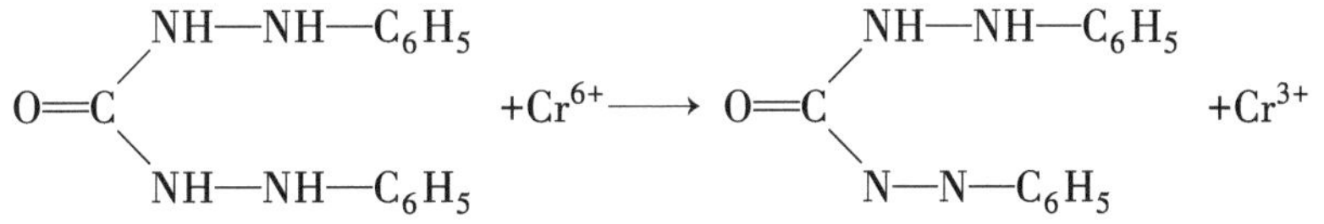

二苯碳酰二肼（DPC）　　　　苯肼羰基偶氮苯

实验中，Mo^{6+}、V^{5+}、Fe^{3+}等有干扰，其中Mo^{6+}的干扰较小，Fe^{3+}的干扰可加入磷酸消除，V^{5+}与显色剂生成的干扰物在显色10 min后，其颜色可自行消退。氧化性及还原性物质（如CLO^{-}、Fe^{2+}、SO_3^{2-}、$S_2O_3^{2-}$等），以及水样有色或浑浊时，对测定有干扰，须进行预处理。

二苯碳酰二肼分光光度法测定水中六价铬浓度的检出范围为0.004~1.0 mg/L。

当被测试样中各组分浓度变化范围不大时（如工厂控制分析），可不必绘制标准曲线，而采用单点校正法。为避免水中其他离子对六价铬测量的影响，本实验采用标准加入法进行校正。

三、仪器设备与所需耗材

人员配置：3人1组。

仪器设备：可见光分光光度计。

所需耗材：比色皿，50 mL比色管6支，移液管，250 mL容量瓶，模拟待测水样（$\rho_{Cr^{6+}}<0.1$ mg/L）。

四、实验试剂

（1）二苯碳酰二肼溶液：称取二苯碳酰二肼 0.2 g，EDTA 二钠 0.025 g 溶于 50 mL 丙酮中，加蒸馏水稀释至 100 mL，摇匀，贮于棕色瓶中，置于冰箱中可保存 1 个月。颜色变深后不能再使用。

（2）铬标准储备溶液（$\rho_{Cr^{6+}}=100$ μg/mL）：称取于 120 ℃干燥 2 h 并冷却至室温的重铬酸钾 0.2829 g，用蒸馏水溶解后，移入 1000 mL 容量瓶中，用蒸馏水稀释至标线，摇匀。

（3）混合酸（1+1）溶液：将浓硫酸（ρ=1.84 g/mL）缓缓加入同体积水中。将浓磷酸（ρ=1.69 g/mL）缓缓加入同体积水中。冷却后，将同体积硫酸和磷酸（1+1）溶液混合。

（4）4% 高锰酸钾溶液：称取高锰酸钾 4 g，在加热和搅拌下溶于 100 mL 水中。

（5）20% 尿素溶液：称取 20 g 尿素溶于 100 mL 水中。

（6）2% 亚硝酸钠溶液：称取 2 g 亚硝酸钠溶于 100 mL 水中。

（7）0.4% 氢氧化钠溶液：称取 0.4 g 氢氧化钠溶于 100 mL 水中。

五、实验步骤

（1）水样采集。水样用玻璃瓶采集，加入氢氧化钠调节至溶液的 pH=8.0，采集后在 24 h 内完成测试。

（2）水样的预处理。步骤如下：

1）不含悬浮物的清洁地面水可直接测定。否则，经 0.45 μm 微孔滤膜真空过滤后测试。

2）若水样有颜色但不太深，可通过色度校正测定（作为试样测量的参比溶液）。

3）还原性有机物的干扰去除（适用于受污染的地下水与矿井水）。对于因含有机物较多引起色度较大的水样，可用酸性高锰酸钾氧化法破坏有机物后再测量。取 50～150 mL 水样于 150 mL 锥形瓶中，加入玻璃珠，加入 1 mL 混合酸溶液，摇匀。加入 2 滴高锰酸钾溶液至淡红色保持 15 min，在电热板上加热煮沸至溶液体积约为 20 mL。取下冷却，用定量中速滤纸过滤，用蒸馏水洗涤数次，合并滤液和洗液至 50 mL 比色管内，加入 1 mL 尿素溶液，摇匀，逐滴滴加亚硝酸钠溶液，至红色刚刚退去。稍等片刻，待溶液内气泡散尽，用氢氧化钠调节至溶液的 pH=8.0，用蒸馏水稀释至标线后测试。

（3）标准曲线的绘制。配制铬标准使用溶液（$\rho_{Cr^{6+}}=1.00$ μg/mL）：吸取铬标准储备溶液 1.00 mL 于 100 mL 容量瓶中，用水稀释至标线，摇匀。

取 2 支 50 mL 比色管，依次加入铬标准使用溶液 0 mL 和 10.00 mL，用水稀释至 50 mL标线，加入 1 mL 混合酸溶液，摇匀。加入 2.0 mL 显色剂溶液，立即摇匀。10 min 后，于 540 nm 波长处，用 3 cm 比色皿，以空白试验（铬标准使用溶液 0 mL）为参比，测定吸光度 A_{10}。用光度计的单点校正法定量功能完成。

(4) 水样的测定。取 25 mL 或适量（含六价铬少于 10 μg）水样或经过预处理的水样，置于 50 mL 比色管中，用水稀释至标线，加入 1 mL 混合酸溶液，摇匀。加入 2 mL 显色剂溶液，立即摇匀。10 min 后，于 540 nm 波长处，用 3 cm 比色皿，以空白试验为参比，测定吸光度 A_X。

(5) 色度校正。另取一份水样，加入除显色剂外的各种试剂，以 2 mL 丙酮代替显色剂，测定吸光度 A'_X。水样存在明显色度时采用色度校正。

(6) 标准加入法。取 4 支 50 mL 比色管，各加入 25 mL 水样，根据步骤（4）求得水样中六价铬的质量 m_X（μg），依次向比色管中加入铬标准使用溶液（$\rho = 1.00$ μg/mL）的毫升数为 m_X、$2m_X$、$3m_X$、$4m_X$，用水稀释至 50 mL 标线，加入 1.0 mL 混合酸溶液，摇匀。加入 2.0 mL 显色剂溶液，立即摇匀。10 min 后，于 540 nm 波长处，用 3 cm 比色皿，以空白试验为参比，测定吸光度 A。

六、实验数据及处理

(1) 根据实验步骤（3）计算校正的吸光度 A（以蒸馏水为参比则需减去空白试样吸光度 A_0），求出标准曲线斜率，$B = A_{10}/10$。

(2) 根据水样测得的吸光度，计算水样中六价铬的质量 $m_X = A_X/B$，单位为 μg。若采用色度校正，则用（$A_X - A'_X$）代入

$$\rho_{Cr^{6+}} = \frac{m_X}{V} \tag{9-1}$$

式中　$\rho_{Cr^{6+}}$——水样中六价铬的浓度，mg/L；

V——水样的体积，mL。

(3) 标准加入法，以六价铬质量 0、m_X、$2m_X$、$3m_X$、$4m_X$ 为横坐标，以吸光度 A_i（以蒸馏水为参比则需减去空白试样吸光度 A_0）为纵坐标，绘制曲线，求出线性拟合方程：$y = B'x + D$，计算水样中六价铬的质量 $m'_X = D/B'$，单位为 μg，再除以水样体积 V（mL）得出六价铬的浓度。

根据《地表水环境质量标准》（GB 3838—2002）中六价铬的浓度 ρ（mg/L）标准对水质进行评价。

未检出（$\rho < 0.005$）；Ⅰ类（$0.005 \leq \rho < 0.01$）；Ⅱ类（$0.01 \leq \rho < 0.05$）；Ⅲ－Ⅴ类（$0.05 \leq \rho < 0.1$），超标；劣Ⅴ类（$\rho \geq 0.1$），禁排。

根据《污水综合排放标准》（GB 8978—1996）污水中六价铬的最高浓度限值为 0.05 mg/L。实验数据见表 9-1。

表 9-1　实验数据

项　　目	测 量 结 果
空白试样（或色度校正）A_0	
标准 10.00 mL 吸光度	

续表 9-1

项　目	测量结果			
标准曲线斜率 B				
水样的体积/mL				
水样吸光度 A_X				
六价铬的质量 m_X/μg				
水样中六价铬的浓度/mg · L^{-1}				
标准加入法吸光度	m_X	$2m_X$	$3m_X$	$4m_X$
标准加入法曲线方程				
六价铬的质量 m_X'/μg				
水样中六价铬的浓度/mg · L^{-1}				
水质评价				

七、注意事项

(1) 本实验中所有实验器皿（包括采样瓶）不能用铬酸清洗，可用 4% 稀硝酸溶液浸泡 8 h 后洗涤。

(2) 显色反应酸度一般控制在 0.05~0.3 mol/L（1/2 H_2SO_4），以 0.2 mol/L 为佳。显色前，水样应调至 pH=8.0。显色温度一般为 15 ℃，显色时间为 5~15 min。

八、思考题

(1) 如何测定水中总铬和三价铬的浓度?

(2) 比较两种分析方法分析水中六价铬的浓度的差异。

(3) 水样中氯离子的存在会对六价铬的测定存在影响，思考如何消除氯离子的影响。

实验十　水中氨氮浓度分析

实验类型：验证性　　　实验学时：2　　　实验要求：必修

一、实验目的

（1）掌握纳氏试剂光度法测定水中氨氮浓度的原理和方法。

（2）掌握标准曲线的绘制和管式光度计的使用。

（3）以氨氮浓度对水环境质量进行评价。

二、实验原理、方法和手段

水中的氨氮是指以游离氨（非离子氨，NH_3）和离子氨（NH_4^+）形式存在的氮，其主要来源于生活污水中含氮有机物受微生物作用的分解产物。水中氨氮含量较高时，对鱼类和人体有不同程度的危害。

氨氮浓度的测定方法有纳氏试剂光度法、水杨酸-次氯酸盐光度法、电极法和容量法。本实验采用纳氏试剂光度法。

水样有色或浑浊及含其他干扰物质时会影响测定，需进行预蒸馏处理。

调节水样至微碱性，进行蒸馏，使水中的氨氮以气态氨蒸出，用硼酸溶液吸收。水中的氨氮与纳氏试剂作用生成黄棕色胶态络合物 $[Hg_2ONH_2]I$。

$$NH_3+\underset{\text{纳氏试剂}}{2K_2HgI_4}+3KOH \longrightarrow \underset{\text{黄棕色}}{H_2N{-}Hg{-}O{-}Hg{-}I} + 7KI + 2H_2O$$

在 420 nm 波长下，测定吸光度值，用标准曲线法求出水中氨氮的浓度。

三、仪器设备与所需耗材

人员配置：3 人 1 组。

仪器设备：管式光度仪，10 mL 旋塞比色管。

所需耗材：10 mL ϕ16 mm 旋塞比色管 10 支，100 mL 容量瓶 1 个，50 mL 比色管 6 支，擦镜纸，吸水滤纸。

四、实验试剂

（1）无氨水：使蒸馏水通过强酸性阳离子交换柱。也可于蒸馏水中加入硫酸至溶液的 pH<2.0，进行重蒸馏制得。

（2）纳氏试剂（2 号试剂）：称取 10 g 碘化汞（HgI_2）和 7 g 碘化钾（KI）溶于水，将此溶液边搅拌边缓慢地加入 50 mL 32% NaOH 的冷溶液中，并稀释至 100 mL。贮于试剂瓶中，用橡皮塞盖紧，暗处保存，可稳定 1 年。

注意：纳氏试剂毒性很强，防止吸入！

（3）酒石酸钾钠溶液（1 号试剂）：称取 50 g 酒石酸钾钠（$KNaC_4H_4O_6 \cdot 4H_2O$）溶于 100 mL 水中，加热煮沸以除去氨，放冷，定容至 100 mL。

（4）铵标准储备溶液：称取 3.819 g 经 100 ℃干燥过的无水氯化铵（NH_4Cl）溶于水中，移入 1000 mL 容量瓶中，稀释至标线，此溶液含氨氮 1.00 mg/mL。

（5）0.05%溴百里酚蓝指示剂（pH 值为 6.0~7.6）。

（6）盐酸溶液（1 mol/L）。

（7）氢氧化钠溶液（1 mol/L）。

五、实验步骤

（1）水样预蒸馏（如时间紧，可做演示实验）。如果水样中 NH_3-N 浓度大于 1 mg/L，可直接用纳氏试剂光度法测定；但若小于 1 mg/L 或水样的颜色或浊度较高时，则应预先用蒸馏法将 NH_3蒸出，再用纳氏试剂光度法测定。

1）蒸馏装置的预处理。将 250 mL 无氨水放入凯氏烧瓶中，调节溶液至微碱性，加数粒玻璃珠，蒸馏至馏出液不含氨为止。弃去瓶内残液。

2）取水样 100 mL（若氨氮含量较高，可酌情少取，加无氨水补足 100 mL，使氨氮含量不超过 1.0 mg）移入凯氏烧瓶中，加数滴溴百里酚蓝指示剂，用 1 mol/L NaOH 溶液或 HCl 溶液调节至 pH 值约为 7。加入 0.25 g 轻质氧化镁和数粒玻璃珠，立即连接蒸馏装置（用一只盛有 20 mL 硼酸吸收液的 250 mL 锥形瓶收集馏出液），导管插入吸收液液面 2 cm 以下，加热蒸馏（蒸馏速度为 6~10 mL/min），至馏出液达 150 mL，将导管移出吸收液面，再停止加热。用无氨水稀释至 250 mL。

（2）配制铵标准使用溶液。吸取铵标准储备溶液 1.00 mL，放入 100 mL 容量瓶中，稀释至标线。此溶液含氨氮 10 mg/L。

（3）标准曲线拟合。过程如下：

1）吸取 1.00 mL、2.50 mL、5.00 mL、10.00 mL、15.00 mL 和 20.00 mL 铵标准使用溶液，分别放入 50 mL 比色管中，稀释至刻度摇匀，对应氨氮浓度为 0.2 mg/L、0.5 mg/L、1.0 mg/L、2.0 mg/L、3.0 mg/L、4.0 mg/L。

2）分别取 5.00 mL 上述溶液于旋塞比色管内，滴加酒石酸钾钠溶液（1 号试剂）2 滴，混匀放置 5 min。

3）滴加纳氏试剂（2 号试剂）3 滴，混匀放置 15 min。

4）在管式光度计上，选择"管比色""低量程"，选中"曲线 NT-29"，按"取消"键，进入"菜单"进行"曲线拟合"，以空白试验为空白参比，依次移入比色管和输入浓度值。记录吸光度值，并保存标准曲线 NT-29。

5）水样的测定。取 3 支旋塞比色管，分别加入 5.00 mL 待测水样，按照实验步骤（3）中的 2）~3）完成显色，选择“曲线 NT-29”，放入空白试验，选择“空白”（若水样存在色度，选取 1 支水样不加 1 号、2 号试剂作空白参照），放入待测水样，读出氨氮浓度。

（4）空白试验。取 3 支旋塞比色管，分别加入 5.00 mL 无氨蒸馏水，按照实验步骤（3）中的 2）~3）完成显色，选择“管比色”“低量程”，分别在管式光度计上测量吸光度，选择吸光度值最小的比色管为空白试验。

六、实验数据及处理

对仪器测试的 3 支旋塞比色管的结果进行统计分析，求出平均值和变异系数（标准差/平均值×100）。变异系数大于 5 时，样品应重新测试。

根据《地表水环境质量标准》（GB 3838—2002）中氨氮浓度 ρ(mg/L) 对水质进行评价：Ⅰ类（$\rho<0.15$）、Ⅱ类（$0.15\leqslant\rho<0.5$）、Ⅲ类（$0.5\leqslant\rho<1.0$）、Ⅳ类（$1.0\leqslant\rho<1.5$）、Ⅴ类（$1.5\leqslant\rho<2.0$）、劣Ⅴ类（$\rho\geqslant2.0$）。实验数据见表 10-1。

表 10-1　实验数据

项　　目	平行 1	平行 2	平行 3
空白试验吸光度			
标准溶液（0.2 mg/L）			
标准溶液（0.5 mg/L）			
标准溶液（1.0 mg/L）			
标准溶液（2.0 mg/L）			
标准溶液（3.0 mg/L）			
标准溶液（4.0 mg/L）			
标准曲线			
色度校正			
水样氨氮浓度/$mg\cdot L^{-1}$			
水质评价			

七、注意事项

（1）蒸馏装置的气密性应良好，勿使漏气。

（2）干扰消除。钙、镁、铁等金属离子干扰测定，可加入络合剂或进行预蒸馏消除。余氯与氨生成氯胺，不能与纳氏试剂显色，可在含有余氯的水样中加入适量还原剂（如 0.35% 硫代硫酸钠溶液）消除干扰后测定。

（3）注意把握显色溶液的稳定时间，若气温低于 15 ℃，可放置在 30 ℃水浴锅中，显色完全后，尽量在 2 h 内完成比色测定。

八、思考题

（1）显色后出现胶体状物质，会引起测量结果偏高，如何消除干扰？

（2）实验过程中以无氨水、空白试验和不加显色剂的水样作空白参比，在数据分析过程中有什么不同？

实验十一　水中总氮浓度分析

实验类型：综合性　　实验学时：3　　实验要求：必修

一、实验目的

（1）了解水中总氮浓度的测定意义和原理。

（2）掌握水中总氮浓度的测定方法。

（3）掌握管式高温消解器、紫外分光光度计的使用。

二、实验原理

总氮指水中可溶性及悬浮颗粒中的含氮量，采用碱性过硫酸钾消解紫外分光光度法进行测定。

在120~124 ℃碱性介质条件下，过硫酸钾分解出的原子氧可将水样中的无机铵盐、亚硝酸盐等含氮有机物和无机化合物氧化为硝酸盐。然后，采用紫外分光光度法于波长220 nm与275 nm处分别测定吸光度A_{220}和A_{275}，按$A=A_{220}-2A_{275}$计算水样硝酸盐氮的吸光度值，在标准曲线上计算水样中总氮浓度。

本方法检测氮浓度范围为0.05~4 mg/L。摩尔吸光系数为1470 L/(mol · cm)。

部分难降解有机化合物在本法条件下难以降解为硝酸盐，对测定有影响。可考虑微波消解法。

三、仪器设备与所需耗材

人员配置：3人1组。

仪器设备：紫外分光光度计，管式高温消解器。

所需耗材：100 mL容量瓶1个，50 mL容量瓶5个，15 mL ϕ16 mm具塞消解管10支，5 mL和50 mL移液管各1支，10 mm石英比色皿2支，保鲜膜。

四、实验试剂

（1）无氨水：用离子交换法或蒸馏法获得。

（2）碱性过硫酸钾溶液：称取15 g氢氧化钠，40 g提纯2次后的过硫酸钾，溶解于无氨水中，定容于1 L容量瓶中，在聚乙烯瓶中储存，可保存一周。

（3）盐酸（1+9）。

（4）2%氢氧化钠溶液。

（5）硝酸钾标准储备溶液（ρ=100 mg/L）：硝酸钾在 105 ℃烘箱中烘干 3 h，干燥器冷却后，称取 0.7218 g 溶解于无氨水中，定容为 1 L，置于冰箱保存，可保存 6 个月。

五、实验步骤

（1）水样的采集与制备。水样采集后立即放入 4 ℃冰箱内保存，并在 24 h 内测试完；水样若放置时间较长，可在 1 L 水样中加入浓硫酸 0.6 mL，酸化至溶液的 pH<2.0，可保持 1 个月。样品测试前，用试剂（3）和试剂（4）调节至中性。

（2）配制硝酸钾标准使用溶液（ρ=10 mg/L）。取 10 mL 硝酸钾标准储备溶液定容于 100 mL 容量瓶。

（3）标准曲线的绘制。步骤如下：

1）用移液管吸取氮标准使用液 1.00 mL、2.50 mL、5.00 mL、10.00 mL、15.00 mL、20.00 mL 于 50 mL 比色管（容量瓶）中，加无氨水至 50 mL 标线，制成标准系列溶液，浓度分别为 0.2 mL、0.5 mL、1.0 mL、2.0 mL、3.0 mg/L、4.0 mg/L。

2）分别取上述标液 5.00 mL 于消解管中。

3）加入 5 mL 碱性过硫酸钾溶液（试剂 2），管口覆上保鲜膜，旋紧塞子，颠倒摇匀。

4）将高温消解器升温至 122 ℃，将消解管放入消解器，开始消解计时 40 min。

5）消解完毕，取下消解管在空气中冷却 2 min，再放入冷却水槽中冷却 2 min。

6）加入盐酸（1+9）1.00 mL，摇匀后，放置 5 min。

7）以空白试验作参比，用 10 mm 石英比色皿分别在 220 nm 和 275 nm 波长处测量吸光度。

（4）空白试验。吸取 5.00 mL 蒸馏水于消解管中，按实验步骤（3）中的 3）~7）进行。平行 2 次，以纯蒸馏水作为参比，选择校正吸光度小的为空白参照。

（5）水样测试。吸取 5.00 mL 水样（总氮浓度大于 4 mg/L，应提前稀释好）于消解管中，按实验步骤（3）中的 3）~7）进行。然后计算校正吸光度，在标准曲线上查出相应的总氮浓度。平行 2 次。

六、实验数据及处理

用标准溶液校正吸光度与零浓度溶液校正吸光度的差值 A_r 与氮标准溶液浓度(mg/L)绘制标准曲线。用标准溶液及空白试验溶液在 220 nm 和 275 nm 处测得的吸光度，分别按下式计算校准系列的校正吸光度 A_s 和空白试验的校正吸光度 A_b 及其差值 A_r。

$$A_b = A_{b220} - 2A_{b275}$$

$$A_s = A_{s220} - 2A_{s275}$$

$$A_r = A_s - A_b \tag{11-1}$$

式中　A_b——空白试验溶液的校正吸光度；

A_{b220}，A_{b275}——空白试验溶液在 220 nm 和 275 nm 波长处的吸光度；

A_s——标准溶液的校正吸光度；

A_{s220}，A_{s275}——标准溶液在 220 nm 和 275 nm 波长处的吸光度；

A_r——标准溶液校正吸光度与空白试验校正吸光度的差值。

将水样测量结果在标准曲线上读出氮浓度。按照《地表水环境质量标准》（GB 3838—2002）中总氮浓度 ρ（mg/L）标准对水质进行评价：Ⅰ类（$\rho<0.2$）、Ⅱ类（$0.2\leq\rho<0.5$）、Ⅲ类（$0.5\leq\rho<1.0$）、Ⅳ类（$1.0\leq\rho<1.5$）、Ⅴ类（$1.5\leq\rho<2.0$）、劣Ⅴ类（$\rho\geq2.0$）。实验数据见表 11-1。

表 11-1　实验数据

测试结果	A_{220}	A_{275}	校正吸光度 $A_{220}-2A_{275}$	校正吸光度差值 A_r
空白试验 1（蒸馏水参比）				
空白试验 2（蒸馏水参比）				
标准溶液（0.2 mg/L）				
标准溶液（0.5 mg/L）				
标准溶液（1.0 mg/L）				
标准溶液（2.0 mg/L）				
标准溶液（3.0 mg/L）				
标准溶液（4.0 mg/L）				
水样平行 1 吸光度				
水样平行 2 吸光度				
标准曲线方程与 R^2				
水样总氮平均浓度/$mg\cdot L^{-1}$				
水样总氮浓度评价				

七、注意事项

（1）以蒸馏水作参比时，吸光度比值 A_{275}/A_{220} 应小于 0.2，越小越好，或 A_{275} 小于 0.1，值偏大视作消解不完全，应将样品稀释后，重新消解。

（2）石英比色皿测试前，应以无氨水作参比校正，当 2 支比色皿差别较大时，将比色皿放入重铬酸钾-浓硫酸溶液中浸泡 15 min 以消除误差。

（3）消解管用盐酸（1+1）浸泡 24 h，用自来水-蒸馏水清洗后，在烘箱中干燥待用。

（4）当消解管内液体在消解后损失严重，说明旋塞密封性差，应更换消解管，重新实验。

（5）水样消解后，可能会产生絮状沉淀或淡红色，加入盐酸（1+9）后消失。

八、思考题

（1）为什么要分别在 220 nm 和 275 nm 两个波长下测量吸光度，如何作标准曲线？

（2）过硫酸钾的纯度如何影响 220 nm 下的吸光度，如何提高过硫酸钾的纯度？

实验十二　水中总磷浓度分析

实验类型：验证性　　　实验学时：3　　　实验要求：选修

一、实验目的

（1）掌握光度法测定水中总磷浓度的原理和操作过程。
（2）学习分光光度计中校正曲线的设置方法。

二、实验原理、方法

在天然水和废水中，磷几乎以各种磷酸盐的形式存在。它们分别为正磷酸盐、缩合磷酸盐（焦磷酸盐、偏磷酸盐和多磷酸盐）和有机结合的磷酸盐，存在于溶液和悬浮物中。天然水和海水中磷含量较低，化肥、冶炼、合成洗涤剂等行业的工业废水及生活污水中常含有较大量的磷。水体中磷含量过高，易致水体富营养化，恶化水质。磷是评价水质的重要指标。

水中磷浓度的测定，通常按其存在的形式进行，分别测定总磷、溶解性正磷酸盐和总溶解性磷。总磷分析方法由两个步骤组成：第一步，可用氧化剂（如过硫酸钾、硝酸-高氯酸或硝酸-硫酸等），将水样中不同形态的磷转化成正磷酸盐；第二步，测定正磷酸盐（常用钼锑抗钼蓝光度法、氯化亚锡钼蓝光度法、孔雀绿-磷钼杂多酸法及离子色谱法等），从而求得总磷浓度。

本实验采用过硫酸钾消解+钼锑抗钼蓝光度法测定水中正磷酸盐的浓度。

反应式：　$PO_4^{3-} + 12MoO_4^{2-} + 24H^+ + 3NH_4^+ \longrightarrow (NH_4)_3PO_4 \cdot 12MoO_3 + 12H_2O$

反应式：　$(NH_4)_3PO_4 \cdot 12MoO_3 + \text{还原剂} \longrightarrow \underset{\text{磷钼蓝}}{(Mo_2O_5 \cdot 4MoO_3)_2 \cdot H_3PO_4}$

本方法最低检出浓度限值为0.01 mg/L，测定上限为0.6 mg/L。适用于绝大多数的地表水和一部分工业废水。

三、仪器设备与所需耗材

人员配置：3 人 1 组。
仪器设备：可见光分光光度计，管式高温消解仪。
所需耗材：3 cm 比色皿，移液管 4 支，100 mL 容量瓶，ϕ16 mm 旋塞消解管，pH 试纸。

四、实验试剂

（1）硫酸（1+1）。

（2）10%氢氧化钠溶液：将 100 g 氢氧化钠溶于水并稀释至 1000 mL。

（3）5%过硫酸钾溶液：将 5 g 过硫酸钾溶于水，并定容至 100 mL。

（4）抗坏血酸粉末。

（5）钼酸铵-硫酸溶液（显色剂）：溶解 13 g 钼酸铵于 100 L 水中。溶解 0.35 g 酒石酸锑钾于 100 mL 水中。在不断搅拌下把钼酸铵溶液缓缓加入 300 mL 硫酸（1+1）中。加酒石酸锑钾溶液并且混合均匀。

（6）磷标准储备溶液（50 μg/mL）（以 P 计）：称取 0.2197 g 于 110 ℃干燥 2 h，在干燥器中放冷的磷酸二氢钾（KH_2PO_4），用水溶解后转移到 1000 mL 容量瓶中，加入约 800 mL 水，加 5 mL 硫酸（1+1），然后用水稀释至标线，混匀。本溶液在玻璃瓶中可储存至少 6 个月。

五、实验步骤

（1）水样的采集与保存。取 1.0 L 水样加入 0.6 mL 浓硫酸调节至样品的 pH 值低于 2.0。

（2）消解。移取 8.00 mL 酸化后保存的水样加入连华密封管，用 10% NaOH 调节使 pH = 7～8，加入 1.0 mL 过硫酸钾溶液，密封摇匀，在 122 ℃下消解 40 min，空冷2 min，水冷 2 min。

（3）显色比色。加入约 0.05 g（约小米粒大小）抗坏血酸，混匀 60 s 后，加入显色剂 0.40 mL，摇匀后在室温或 30 ℃水浴保持 15 min，溶液倒入 3 cm 比色皿中，静置 5 min，观察比色皿中溶液的现象。以空白试验作参比，用 3 cm 比色皿在 700 nm 下比色测定 A_1。

（4）色度-浊度的校正。以相同步骤测定水样，加入 0.40 mL 硫酸（1+1）替代显色剂。在 700 nm 下比色测量吸光度。过滤后无色水样可不进行色度-浊度校正。

（5）磷标准使用液（ρ = 2 μg/mL）（以 P 计）的配置。将 4.0 mL 磷标准储备液转移至 100 mL 容量瓶中，用水稀释至标线并混匀。临用前现配制。

（6）标准曲线的绘制。取 6 支 50 mL 具塞比色管分别加入 0.5 mL、2.5 mL、5.0 mL、7.5 mL、10.0 mL、15.0 mL 磷酸标准使用溶液，加水至 50 mL 刻度摇匀，按照上述（2）和（3）的步骤，以空白试验作参比测量吸光度，对应磷的浓度为 0.02 mg/L、0.10 mg/L、0.20 mg/L、0.30 mg/L、0.40 mg/L、0.60 mg/L。

（7）空白试验。以 8.00 mL 蒸馏水代替水样按照上述（2）和（3）的步骤进行。

六、实验数据及处理

用分光光度计内置的标准曲线定量分析功能，求出标准曲线的斜率和截距，以及相关系数。用标准曲线法，以空白试验为参照，得出水样中总磷的浓度。

计算平均值、标准差，评价水质等级。按照《地表水环境质量标准》（GB 3838—2002）中总磷浓度 ρ（mg/L）标准对水质进行评价：Ⅰ类（ρ<0.02）；Ⅱ类（0.02≤ρ<

0. 1)；Ⅲ类（$0.1 \leqslant \rho < 0.2$）；Ⅳ类（$0.2 \leqslant \rho < 0.3$）；Ⅴ类（$0.3 \leqslant \rho < 0.4$）；劣Ⅴ类（$\rho \geqslant 0.4$）。实验数据见表 12-1。

表 12-1　实验数据

项　　目	数 据 记 录	比色皿中现象描述
空白试验（蒸馏水参比）		
标准溶液（0.02 mg/L）		
标准溶液（0.10 mg/L）		
标准溶液（0.20 mg/L）		
标准溶液（0.30 mg/L）		
标准溶液（0.40 mg/L）		
标准溶液（0.60 mg/L）		
水样平行 1		
水样平行 2		
水样平行 3		
标准曲线方程与 R^2		
水样总磷平均浓度/$mg \cdot L^{-1}$		
水样总磷浓度评价		

七、注意事项

（1）水样为中性（pH=6~9），可直接进行测量。水样存放后有沉淀生成，应摇匀后取样测试。水样中总磷浓度过高（>0.6 mg/L），需提前稀释样品。

（2）气温低于 15 ℃，可在 20~30 ℃水浴中显色反应 15 min。

八、思考题

（1）如果只需测定水样中可溶性正磷酸盐或可溶性总磷，应如何进行？

（2）水中总磷的浓度如何影响湖泊水的生态环境？

实验十三　水中氟化物浓度分析

实验类型：验证性　　　实验学时：3　　　实验要求：选修

一、实验目的

（1）学习并掌握离子选择电极法测定水中微量氟浓度的方法和原理。

（2）学习并掌握常用的定量的方法：标准曲线法和标准加入法。

（3）对水中氟离子浓度进行评价。

二、实验原理、方法和手段

将氟离子（F^-）选择电极和外参比电极（如甘汞电极）浸入欲测含氟溶液，构成原电池。该原电池的电动势与氟离子活度的对数呈线性关系，故通过测量电极与已知 F^-浓度溶液组成的原电池电动势，即可计算待测水中的 F^-浓度。常用的定量方法是标准曲线法和标准加入法。

对于污染严重的生活污水和工业废水，以及含氟硼酸盐的水样均要进行预蒸馏。

根据《地表水环境质量标准》（GB 3838—2002），Ⅰ～Ⅲ类水的氟化物浓度（以 F^-计）$\rho<1.0$ mg/L；Ⅳ～Ⅴ类水氟化物浓度范围为 1.0 mg/L$\leqslant\rho<$1.5 mg/L。根据《地下水质量标准》（GB/T 14848—2017），Ⅰ～Ⅲ类水的氟化物浓度$\rho<$1.0 mg/L；Ⅳ～Ⅴ类水氟化物浓度1.0 mg/L$\leqslant\rho<$2.0 mg/L。根据《污水综合排放标准》（GB 8978—1996）一级标准小于 10 mg/L。

三、仪器设备及所需耗材

人员配置：3 人 1 组。

仪器设备：氟离子选择性电极，饱和甘汞电极或银-氯化银电极，温度电极，离子活度计或 pH 计（精确到 0.1 mV），磁力搅拌器。

所需耗材：50 mL 聚乙烯杯 6 个，250 mL 烧杯 1 个，25/10/5/1 mL 移液管，聚四氟乙烯包裹的搅拌子 2 个，100 mL 容量瓶，50 mL 容量瓶（比色管）6 支，50 mL 聚乙烯烧杯 6 个，取学校湖水作测试样品。

四、所需试剂

所用水为去离子水或无氟蒸馏水。

（1）氟化物标准储备溶液（$\rho_{F^-}=100$ μg/mL）：称取 0.2210 g 基准氟化钠（NaF）（预

先于 105~110 ℃烘干 2 h，或于 500~650 ℃烘干 40 min，冷却)，用蒸馏水溶解后转入 1000 mL 容量瓶中，稀释至标线，摇匀。贮存在聚乙烯瓶中。

（2）乙酸钠溶液：称取 15 g 乙酸钠（CH_3COONa）溶于水，并稀释定容至 100 mL。

（3）总离子强度调节缓冲溶液（TISAB）：称取 58.8 g 二水合柠檬酸钠和 101.1 g 硝酸钾，加水溶解，用盐酸调节溶液的 pH 值至 5~6，转入 1000 mL 容量瓶中，稀释至标线，摇匀。

（4）盐酸溶液（2 mol/L）。

五、实验步骤

（1）仪器准备和操作。按照所用仪器和电极使用说明，首先接好线路（氟离子电极、甘汞电极和温度电极)，开启电源开关，预热 10 min。将电极冲洗干净后浸泡在蒸馏水中，待蒸馏水电位大于 350 mV 开始测试。

（2）配置氟化物标准溶液（$\rho_{F^-}=10\ \mu g/mL$）。用无分度吸管吸取氟化钠标准储备溶液 10.00 mL 于 100 mL 容量瓶中，稀释至标线，摇匀。

（3）标准曲线绘制。用无分度吸管取 0 mL、1.00 mL、3.00 mL、5.00 mL、10.00 mL、20.00 mL 氟化物标准溶液，分别置于 6 支 50 mL 比色管中，加入 10 mL 总离子强度调节缓冲溶液，用水稀释至标线，摇匀。分别移入 50 mL 聚乙烯杯中，放入一只搅拌子，按浓度从低到高的顺序（0 mg/L、0.20 mg/L、0.60 mg/L、1.00 mg/L、2.00 mg/L、4.00 mg/L）依次插入电极，连续搅拌溶液，读取搅拌状态下的稳定电位值 E（30 s 内个位数或 5 s 内十分位位数不变视为稳定)。在每次测量之前只需用滤纸吸去水分。在半对数坐标上绘制 E-lgρ 标准曲线（剔除空白试验点)，浓度标于对数分格上。

（4）水样的测定。用无分度吸液管吸取 25 mL 水样，置于 50 mL 容量瓶中，用乙酸钠或盐酸溶液调节至近中性，加入 10 mL 总离子强度调节缓冲溶液，用水稀释至标线，摇匀。将其移入 50 mL 聚乙烯杯中，加入一只搅拌子，插入电极，连续搅拌溶液，待电位稳定后读取电位值 E_X。在每次测量之前，都要用水充分洗涤电极，并用滤纸吸去水分。根据测得的毫伏数，由标准曲线上查得氟化物的含量。使测量结果位于标准曲线的前半段，即 $\lg \rho_{F^-}<0$，否则应减少样品取样量，重新测试。

（5）标准加入法。当水样组成复杂或成分不明时，宜采用一次标准加入法，以便减少基体的影响。其操作是：先按实验步骤（4）测定试液的电位值 $E_1=E_X$，然后向测试试液中继续加入一定量 V_s（使试液中氟的含量增加 1 倍，以标准曲线上的拟合点为参照）的氟化物标准液（步骤 2)，在不断搅拌下读取稳定电位值 E_2。

六、实验数据及处理

（1）标准曲线法：根据从标准曲线上（绘制在分格图纸上）查知稀释水样的浓度和稀释倍数（本实验为 2.0)，即可计算水样中氟化物的浓度（mg/L）。

（2）标准加入法

$$\rho_{F^-}=\frac{\rho_s \cdot V_s}{V_X+V_s}\left(10^{\frac{\Delta E}{S}}-\frac{V_X}{V_X+V_s}\right)^{-1} \tag{13-1}$$

式中 ρ_{F^-}——水样中氟化物（以 F^-计）的浓度，mg/L；

ρ_s——F^-标准溶液的浓度，mg/L；

V_s——加入 F^-标准溶液的体积，mL；

V_X——水样体积，mL；

ΔE——等于 E_1-E_2（对阴离子选择性电极），其中 E_1为测得水样试液的电位值，mV，E_2为试液中加入标准溶液后测得的电位值，mV；

S——氟离子选择性电极实测斜率。

如果 $V_s \ll V_X$，则上式可简化为

$$\rho_{F^-} = \frac{\rho_s \cdot V_s}{V_X}\left(10^{\frac{\Delta E}{S}} - 1\right)^{-1} \qquad (13\text{-}2)$$

选择合适标准对水中氟化物进行评价。实验数据见表 13-1。

表 13-1 实验数据

项目	数值				
蒸馏水电位/mV	（需稳定在大于 350 mV）				
水样体积/L					
水样电位 E_1/mV					
空白电位 E_0/mV					
标准曲线法					
氟离子浓度/mg·L^{-1}	0.20 mg/L	0.60 mg/L	1.00 mg/L	2.00 mg/L	4.00 mg/L
标准曲线电位/mV					
标准曲线斜率 S					
标准加入法					
标准溶液体积/mL					
标准加入电位 E_2/mV					
ΔE/mV					
氟离子浓度/mg·L^{-1}					
水中氟化物评价					

七、注意事项

（1）电极用后应用水充分冲洗干净，并用滤纸吸去水分，套在电极套中。

（2）一次标准加入法所加入标准溶液的浓度 ρ_s，应比试液浓度 ρ_X 高 10 倍以上，使加入的体积小于试液的 1/10，以使体系的 TISAB 浓度变化不太大。

八、思考题

（1）空白电位值绝对值较大对实验测试结果产生什么影响？

（2）比较标准曲线法和标准加入法测量结果的差异。

实验十四　大气颗粒物采集与浓度分析

实验类型：综合性　　　实验学时：3　　　实验要求：必修

一、实验目的

（1）掌握大气中颗粒物的采集方法。

（2）学会重量法中的各种技巧：烘干及称重，以及明确恒重的概念。

（3）掌握大气 TSP、PM_{10}和 $PM_{2.5}$浓度分析方法。

（4）对大气颗粒物浓度进行环境质量评价。

二、实验原理、方法和手段

用重量法测量大气 TSP、PM_{10}和 $PM_{2.5}$的浓度。

总悬浮微粒（total suspended particulate，TSP），又称为总悬浮颗粒物，指用标准大容量颗粒采集器在滤膜上收集到的颗粒物的总质量。粒径小于 100 μm 的颗粒物称为总悬浮物颗粒（即 TSP），粒径小于 10 μm 的称为可吸入颗粒（即 PM_{10}），粒径小于 2.5 μm 的称为可入肺颗粒物（或细颗粒物）（即 $PM_{2.5}$）。

中流量多级颗粒物切割器是根据冲击原理设计的，由于不同粒径颗粒的冲击惯性不同，冲击板的孔数和孔径不同。大气颗粒物采样头组装图如图 14-1 所示。

用重量法测定大气中总悬浮颗粒物的方法一般分为大流量（1.05 m^3/min）、中流量（100 L/min）和小流量（16.67 L/min）采样法。其原理基于：抽取一定体积的空气，使之通过已恒重的滤膜，则悬浮微粒被阻留在滤膜上，根据采样前后滤膜重量之差及采样体积，即可计算总悬浮颗粒物的浓度。

本实验采用中流量采样法测定大气 TSP、PM_{10}和 $PM_{2.5}$的浓度。根据《环境空气质量标准》（GB 3095—2012）和《环境空气质量指数（AQI）技术规定（试行）》（HJ 633—2012），采用等比插值法计算空气质量分指数 I_X，并判定当前大气环境的主要污染物。空气质量指数的颗粒物浓度限值与判定级别具体见表 14-1 和表 14-2。

$$I_X = \frac{\rho_X - \rho_n}{\rho_{n+1} - \rho_n} \times (I_{n+1} - I_n) + I_n \tag{14-1}$$

$$API = \max(I_1, I_2, \cdots, I_n) \tag{14-2}$$

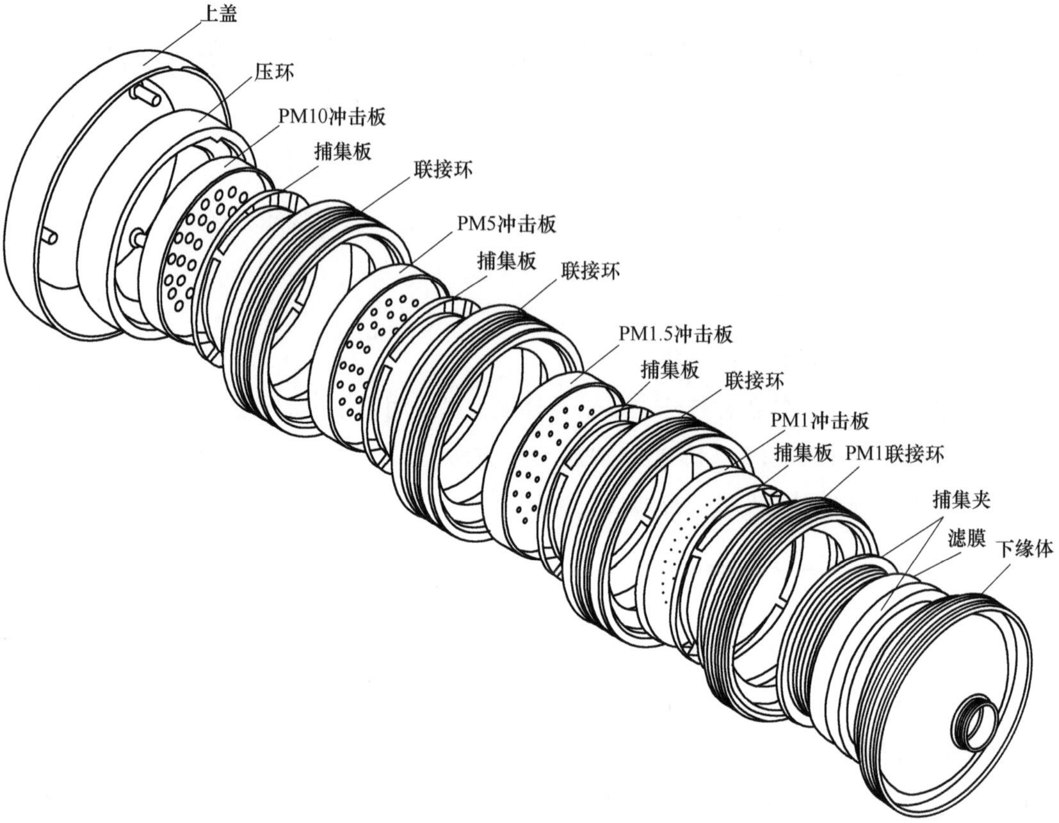

图 14-1　大气颗粒物采样头组装图

表 14-1　空气质量分指数 IAQI 及对应的颗粒污染物项目浓度限值

空气质量分指数 IAQI	24 小时平均浓度限值/μg·m^{-3} PM$_{10}$	24 小时平均浓度限值/μg·m^{-3} PM$_{2.5}$
0	0	0
50	50	35
100	150	75
150	250	115
200	350	150
300	420	250
400	500	350
500	600	500

表 14-2　空气质量指数 AQI 范围及相应类别

空气质量指数	空气质量指数级别	空气质量指数类别及表示颜色		对健康影响情况	建议采取的措施
0~50	一级	优	绿色	空气质量令人满意，基本无空气污染	各类人群可正常活动
51~100	二级	良	黄色	空气质量可接受，但某些污染物可能对极少数异常敏感人群健康有较弱影响	极少数异常敏感人群应减少户外活动
101~150	三级	轻度污染	橙色	易感人群症状有轻度加剧，健康人群出现刺激症状	儿童、老年人及心脏病、呼吸系统疾病患者应减少长时间、高强度的户外锻炼
151~200	四级	中度污染	红色	进一步加剧易感人群症状，可能对健康人群心脏、呼吸系统有影响	儿童、老年人及心脏病、呼吸系统疾病患者避免长时间、高强度的户外锻炼，一般人群适量减少户外运动
201~300	五级	重度污染	紫色	心脏病和肺病患者症状显著加剧，运动耐受力降低，健康人群普遍出现症状	儿童、老年人和心脏病、肺病患者应停留在室内，停止户外运动，一般人群减少户外运动
>300	六级	严重污染	褐红色	健康人群运动耐受力降低，有明显强烈症状，提前出现某些疾病	儿童、老年人和病人应当留在室内，避免体力消耗，一般人群应避免户外活动

三、仪器设备

仪器设备：中流量采样器（100 L/min），万分之一天平，干燥箱，玻璃干燥器。

四、所需耗材

人员配置：3 人 1 组。

所需耗材：玻璃纤维滤膜（环形 21~73 mm 和圆形 90 mm），插线板，样品袋，铝箔纸，尖头镊子。

五、实验步骤

（1）采样器的检查、安装与流量校准。组装采样器（青岛科迪博电子科技有限公司，型号为 KDB-120B，流量为 100 L/min），检查各部件是否连接紧密，防止漏气，将采样器放在室外开阔地，离地面高度 1.5 m，周围 5 m 范围内无树木和建筑物遮挡。采样器使用前用孔口校准器进行流量校准（参照说明书）。

（2）每张滤膜使用前均需用强光照检查，不得使用有针孔或有任何缺陷的滤膜采样，提前将滤膜放在 105 ℃的烘箱中干燥 5~8 h，以消除水分的影响，然后放入玻璃干燥器内平衡 24 h，备用。

（3）用镊子分别取 2 张环形滤膜和 1 张圆形滤膜放在裁剪好的铝箔纸内，分别贴上顶环、中环和底圆的标签。分别称量 3 张滤膜质量 m_{01}（净重准确至 0.1 mg）；将滤膜放回铝箔纸内，在烘箱中 105 ℃烘干 30 min，放入干燥器冷却 10 min，继续称量滤膜质量 m_{02}；将滤膜放回铝箔纸内，在烘箱中 105 ℃烘干 30 min，放入干燥器冷却10 min，继续称量滤膜质量 m_{03}，依次向下进行。当最后 2 次称量结果小于 0.5 mg 时停止称量，取最后 2 次称量结果的平均值记为滤膜恒重值 m_0。在铝箔纸外贴上滤膜的编号和恒重值 m_0。

（4）将已恒重的滤膜用镊子取出，“毛”面向上，平放在采样夹的网托上，压紧采样夹，按照规定的流量采样 24 h。设置采用延时 1 min，采样次数 1 次。测定日平均浓度一般从 13 时开始采样至第二天 13 时结束。记录采样的标况体积 V_n。

（5）采样后，戴上一次性手套，用镊子小心取下滤膜，放入铝箔纸内，检查滤膜上颗粒物与四周白边之间的界线是否清晰，采样面均匀无破损，否则应按废样处理，建议更换滤膜夹和密封垫。擦拭采样头，完成本轮采样。将铝箔纸中的滤膜按照实验步骤（3）的方式依次称量得到采样后质量 m_{11}、m_{12}、m_{13}和恒重值 m_1。将恒重值标记在铝箔纸外。

（6）网络信息的收集。登录全国风场气象污染复合地图（http：//map.zq12369.com）。从“主页”选择城市“焦作”，找到采样点附近的环境监测点（太极体育中心），从网页中读出采样当天累计平均的 $PM_{2.5}$和 PM_{10}的浓度值、温度、湿度和风级风向。

（7）结果计算。采样后滤膜分别放入 5 号采样袋内，贴上标签，记录滤膜编号（班级和组别）、采样时间、地点、采样方式、人员、标况体积和颗粒物的恒重值和浓度。

六、实验数据及处理

大气颗粒物采样过程及结果记录见表 14-3 和表 14-4。

表 14-3 大气颗粒物采集过程记录

序列	日期	滤膜编号	采样人员	网 $PM_{2.5}$	网 PM_{10}	温度	湿度	风向	风级
第 1 天									
第 2 天									
第 3 天									
第 4 天									

表 14-4 大气颗粒物采集结果记录

序列	日期	滤膜编号	标况体积 V	采样前滤膜恒重/g			采样后滤膜恒重/g			颗粒物浓度/$\mu g \cdot m^{-3}$		
				顶环	中环	底圆	顶环	中环	底圆	TSP	PM_{10}	$PM_{2.5}$
第 1 天												
第 2 天												
第 3 天												
第 4 天												

$$\text{颗粒物浓度} = (m_1 - m_0)/V_n \times 10^6 \tag{14-3}$$

式中　颗粒物浓度——TSP、PM_{10}、$PM_{2.5}$的浓度，μg/m^3；

m_1——采样后恒重的滤膜的质量，g；

m_0——采样前恒重的滤膜的质量，g；

V_n——标准状态下的采样体积，m^3，如无标准流量校准功能，用实际的流量和采样温度进行标态体积校准（273.15/(273.15+t)），其中 t 为日均气温,℃。

底圆滤膜上颗粒物为 $PM_{2.5}$，底圆+中环上颗粒物为 PM_{10}，底圆+中环+顶环上颗粒物为 TSP。

计算 $PM_{2.5}$ 和 PM_{10} 的空气质量分指数 I_X，并判定采样当天大气环境的主要污染颗粒物。

七、思考题

(1) 重量法测量大气颗粒物的操作过程中应注意哪些细节?

(2) 采样体积时未进行标态校准会对实验结果造成什么影响?

实验十五　校园空气气溶胶粒度分级与统计评价

实验类型：设计性　　　实验学时：2　　实验要求：选修

一、实验目的

（1）明确空气气溶胶不同粒级颗粒数与空气洁净度之间的关系。

（2）掌握空气粒子计数器的测量操作。

（3）对空气洁净度进行评价，分析校园不同场所洁净度的差异与影响因素。

二、实验原理

空气洁净度（air cleanliness）是指洁净空间单位体积空气中以大于或等于被考虑粒径的粒子最大浓度限值进行划分的等级标准。空气洁净度级别则以每立方米空气中的最大允许微粒数来确定。ISO 14644-1 将空气洁净度分为 9 类，ISO-209E 以 0.5 μm 粒级颗粒为基准将空气洁净度分为 6 级（1～100000 级），具体对应关系见表 15-1。

表 15-1　空气洁净度分级对照表

ISO 分级	大于或等于表中粒径的最大浓度限值/颗・m^{-3}						ISO-209E
	0.1 μm	0.2 μm	0.3 μm	0.5 μm	1.0 μm	5.0 μm	分级
1 级	10	2					
2 级	100	24	10	4			
3 级	1000	237	102	35	8		1
4 级	10000	2370	1020	352	83		10
5 级	100000	23700	10200	3520	832	29	100
6 级	1000000	237000	102000	35200	8320	293	1000
7 级				352000	83200	2930	10000
8 级				3520000	832000	29300	100000
9 级				35200000	8320000	293000	

工业企业应根据各工序不同的要求，采用不同的空气洁净度等级，依据工序要求确定

等级。制药车间、医院手术室和生物实验室均对室内空间的洁净度有要求。例如，医院手术室Ⅰ~Ⅲ和Ⅳ级洁净用房标准分别对应 ISO-209E 级别的 100、1000、10000 和 300000 空气洁净度等级。《药品生产质量管理规范（2010 年修订)》对无菌操作洁净度的要求分为 A~D 4 级，分别对应 ISO 14644-1 的 5~8 级。微生物实验室标准 GMP（2010）要求更为严格，其 A、B、C 和 D 级分别对应 ISO-209E 级别的 4.8（大于 5 μm 颗粒且小于 1 pc/m^3；或大于 0.5 μm 颗粒且小于 100 pc/m^3)、100、10000 和 100000。

洁净工作区空气洁净度的测试方法对于粒径不小于 0.5 μm 的尘粒计数，宜采用光散射粒子计数法。对于粒径不小于 5 μm 的尘粒计数，也可采用滤膜显微镜计数法。

本实验采用六通道激光散射粒子计数器对校园的空气洁净度进行测量和评价，比较不同功能场所气溶胶粒度分级的差异。

三、仪器设备

仪器设备：六通道激光散射粒子计数器，计算机。

四、所需耗材

人员配置：3 人 1 组。
所需耗材：双对数坐标纸，学校平面图。

五、实验步骤

（1）仪器的检查。将采样头和温湿度传感器安装在 CW-HPC600（A）仪器相应位置，开机检查电量，电量不足时插入卡座充电。

（2）仪器开机设置。长按开机键 3 秒，仪器开机，上、下键“△”“▽”移动到设置，进入“Enter”设置页面，设置采样时间为 1 min，粒径选择 0.3 μm、0.5 μm、0.7 μm、1.0 μm、2.0 μm 和 5.0 μm，设置当前时间后返回“Back”主页面。

（3）校园场所的选择。选择校园内的教室、会议室、办公室、图书馆、餐厅、运动场馆、宿舍等室内环境，或居民区、道路、花园和操场等室外环境，按照单个采样点在室内 10 m^2、室外 100 m^2的原则平均布点，计算布点数量，在设置页面设置采样次数为 3~10，采样间隔为 10~60 s。根据场所的位置、楼层高度、装修情况等因素进行差异性测试。

（4）采样测试。手持采样器静立（或固定采样器于三脚架上)，采样器远离身体不小于 0.4 m，在测量界面下运行“Run”，采样 1 min 后迅速转移到下一个样点自动采样。

（5）采样浏览。测试结束后，返回到主页面，进入浏览，上、下键查找并记录数据。采样器浏览界面如图 15-1 所示。

六、实验数据及处理

根据差异性对比的目的，设计测量 4 个校园场所环境，计算每个场所不同粒径气溶胶的平均颗粒数、标准偏差，并将其绘制在双对数坐标纸上（纵坐标为颗粒数，横坐标为粒

浏览页面	
0.3 μm	143968
0.5 μm	33997
0.7 μm	6808
1.0 μm	2759
2.0 μm	1238
5.0 μm	54
位置：A01	浓度：颗/升
记录	0039/0039
采时：01:00	次数：01
温度：18 ℃	湿度：30%RH
时间：09:15:11	日期 :2024-01-08

图 15-1　采样器浏览界面

径）。将数据输入 SPSS 表格（包括场所名称、布点数、粒径 0.3～5.0 μm 见表 15-2 中的前 8 行），对不同粒径的颗粒数进行单因素方差检验，分析校园各场所之间的差异性（Duncan，显著性小于 0.05），图 15-2 为粒径 0.3 μm 的差异性检验。对场所的空气洁净度进行评价（取颗粒粒级评价等级的最大值）。

表 15-2　实验数据

项　　目	场所 1	场所 2	场所 3	场所 4
场所名称				
布点数				
测试时间				
粒径（0.3 μm）				
粒径（0.5 μm）				
粒径（0.7 μm）				
粒径（1.0 μm）				
粒径（2.0 μm）				
粒径（5.0 μm）				
Duncan 检验显著性				
ISO 14644-1 评价				
ISO-209E 评价				

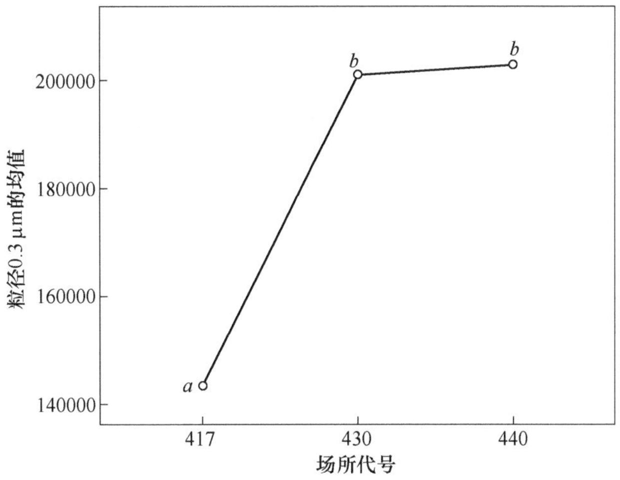

图 15-2　实验室粒径 0. 3 μm 的差异性检验

（图中相同字母表示此粒径颗粒物数在场所之间（显著性小于 0. 05）无显著差异）

七、思考题

（1）分析不同场所空气气溶胶粒径差异的影响因素。

（2）提高场所洁净度的有效措施有哪些？

实验十六　土壤样品的采集与预处理

实验类型：验证性　　实验学时：3　　实验要求：必修

一、实验目的

（1）掌握土壤样品采集的方法，学会使用土钻采样设备。

（2）学习土壤样品风干、筛分、保存的操作过程。

二、实验原理与内容

用土钻对校园内某种植被下的表层土壤进行采样，然后将采集的样品筛分、风干、再筛分、保存等预处理。

（1）土样的采集时间。土壤中有效养分的含量因季节的不同而有很大的差异。分析土壤养分供应的情况时，一般都在晚秋或早春采样。采样时要特别注意时间因素，同一时间内采取的土样分析结果才能相互比较。

（2）不同土壤样品的采集方法。采样的方法因分析目的不同而不同。

1）土壤剖面样品的采集。研究土壤基本理化性质，必须按土壤发生层次采样。一般每层采样 1 kg，分别装入袋中并做好标记。

2）土壤物理性质样品的采集。进行土壤物理性质的测定时，必须采集原状土壤样品。在取样过程中，须保持土块不受挤压，样品不变形，并要剥去土块外面直接与土铲接触而变形的部分。

3）土壤盐分动态样品的采集。研究盐分在土壤剖面中的分布和变动时，不必按发生层次采样，可从地表起每 10 cm 或 20 cm 采集 1 个样品。

4）耕作层土壤混合样品的采集。为了评定土壤耕层肥力或研究植物生长期内土壤耕层中养分的供求情况，采用只取耕作层 20 cm 深度的土样，对作物根系较深的或熟土层较厚的土壤，可适当增加采样深度。

采样点的选择一般可根据土壤、作物、地形、灌溉条件等划分采样单位。在同一采样单位的地形、土壤、生产条件应基本相同。土壤的混合样品是由多点混合而成。一般采样区的面积小于 10 亩（1 亩≈666.67 m^2）时，可取 5 个点的土壤混合；面积为 10~40 亩时，可取 5~15 个点的土壤混合；面积大于 40 亩时，可取 15~20 个点的土壤混合。在丘陵山区，一般面积为 5~10 亩可采 1 个混合样品。在平原地区，一般面积为 30~50 亩可采一个混合样品。

根据采样点分布方式的取样法主要有：

对角线取样法：适用于面积不大、地势平坦、肥力均匀的地块，如图 16-1（a）所示。

棋盘式取样法：适用于中等面积、地势平坦、地形完整，但地力不均匀的地块，如图 16-1（b）所示。

之字形取样法：适用于面积较大、地势不平坦、地形多变的地块如图 16-1（c）所示。

如果采集的土壤样品质量太多，可用四分法将多余的土壤弃去，一般保留约 1 kg 的土壤即可。四分法的操作步骤为：将采集的土壤样品破碎、混合并铺成四方形，然后划对角线分成四等份，取其对角的两份，其余两份弃去。如果所得的样品仍然很多，可再用四分法处理，直到所需质量（约 1 kg）为止。

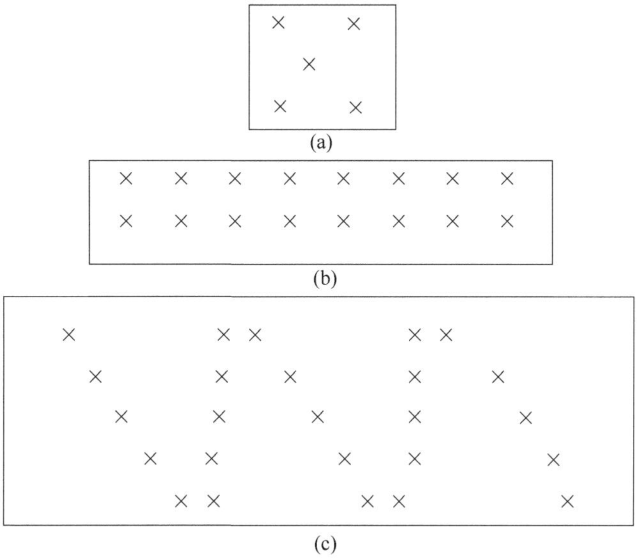

图 16-1　不同采样点分布方式的取样法

（a）对角线取样法；（b）棋盘式取样法；（c）之字形取样法

三、仪器设备

仪器设备：铁锹，ϕ35 mm 土钻，铁锤，木棒，直尺，10 目（2 mm）金属筛，60 目(0. 25 mm)金属筛，万分之一电子天平。

四、所需耗材

人员配置：3 人 1 组。

所需耗材：牛皮纸，标记笔，铅笔，A4 白纸，5/10 号样品袋，一次性手套，一次性口罩，线手套。

五、实验步骤

（1）土壤样品的采集：

1）选择校园内（外）的某一植被类型，采集土壤样品、勘查地块边界，确定取样点个数（6~12个）、取样方法和取样点位置。

2）将土钻垂直压入20 cm深的土壤中，水平旋转后取出土钻，将土柱放在牛皮纸上，各点都采集完成后，戴上手套，用手将土块捏碎混匀，采用四分法取超过1 kg的土壤样品，袋内、外各放一个标签，用铅笔写明编号、采集地点、地形、土壤名称、时间、深度、作物、采集人等，采集完成后将钻眼填平。

（2）土壤样品的预处理：预处理的目的是将采集的土壤样品中的大块砾石和凋落物去除，并筛分。具体操作过程如下：

1）将采集的土壤样品全部倒入2 mm金属筛内，用手或木棒剥离碾压土块，通过肉眼辨识去除大块砾石和根叶凋落物。直到筛网上仅剩下小块石砾，筛上物丢弃。将筛下物装入采样袋内称重 m_1（约1.0 kg），将样品袋外贴上标签，内附铅笔标签。

2）用两个干燥好的铝盒，分别称量初始质量 m_2，加入约10 g土壤（精确到0.001 g），总质量为 m_3，将铝盒敞口在烘箱105 ℃烘干2 h，干燥器中冷却10 min，称量 m_4，计算得土壤含水率 $p=[(m_3-m_4)/(m_4-m_2)]\times100\%$，含水率为2个铝盒的平均值。

3）将筛下物样品摊铺在牛皮纸上，采样袋压在牛皮纸下面，风干5~7 d，期间翻动2次。

4）用小样品袋装取风干的样品约100 g（m_5，准确至0.001 g），用皮毛摩擦塑料棒产生静电吸附去除毛根（每次碾压前），在牛皮纸上用玻璃瓶碾压后，再通过60目（0.25 mm）金属筛，反复碾压和筛分，直至筛上物为不能破碎的沙粒为止，将筛下物装入小样品袋称重 m_6，编号后密封保存，再测量土壤化学指标。

5）将小采样袋放入大采样袋内，密封保存。

六、实验数据及处理

实验数据见表16-1。

表16-1　实验数据

项　目	数　据	备　注
采样点描述		位置、地貌、植被、周围环境等
采样方式		采样点个数、分布、深度
采样人员与时间		
土壤样品编号		
土壤采样量 m/g		$m=100m_1/(100+p)$，（以干土重计）
铝盒质量 m_2/g		
铝盒+湿土质量 m_3/g		
铝盒+干土质量 m_4/g		
土壤含水率 p/%		$p=[(m_3-m_4)/(m_4-m_2)]\times100\%$

续表 16-1

项　目	数　据	备　注
土壤粒径分析		
0.25~2 mm 颗粒的占比 w_1/%		$w_1=100-w_2$
<0.25 mm 颗粒的占比 w_2/%		$w_2=(m_6/m_5)\times100\%$

七、思考题

（1）采样袋内、外各放置标签的目的是什么，书写上有什么要求？

（2）二次筛分时未静电吸附去除毛根，会如何影响土壤有机质和总氮的测量结果？

实验十七　土壤容重、孔隙度与比重的测量

实验类型：验证性　　　实验学时：4　　　实验要求：选修

一、实验目的

（1）认识土壤容重、孔隙度和比重对土壤环境的重要性。
（2）掌握环刀法测量土壤容重的方法。
（3）掌握土壤孔隙度和比重的测量方法。

二、实验原理、方法和手段

土壤容重（bulk density）应称为干容重，又称为土壤假比重，指一定容积的土壤（包括土粒及粒间的孔隙）烘干后质量与烘干前体积的比值。土壤容重与土壤质地、压实状况、土壤颗粒密度、土壤有机质含量及各种土壤管理措施有关。土壤越疏松多孔，容重越小；土壤越紧实，容重越大。黏质土的容重（1.0～1.5 g/cm^3）小于砂质土（1.2～1.8 g/cm^3）；有机质含量高、结构性好的土壤容重小；耕作可降低土壤容重。

环刀法适用一般土壤，对坚硬和易碎土壤不适用。即将一定容积（通常为 100 cm^3）的环刀（圆筒式金属采土器）（见图 17-1）插入土壤中采集土样，经烘干（105～110 ℃，24 h）后得到干土重，进一步根据采土器的容积计算单位容积的干土质量。

图 17-1　土壤环刀采样套装

土壤是多孔体，土粒、土壤团聚体之间及团聚体内部均有孔隙存在。单位体积内土壤孔隙所占的百分比，称为土壤孔隙度。土壤孔隙根据其大小又分为 3 种类型，即无效孔隙、毛管孔隙和非毛管孔隙。

（1）无效孔隙。孔隙直径小于 0.001 mm，保持在这类孔隙中的水分被土粒强烈吸附，不能被植物利用。这类孔隙与土粒的大小和分散程度密切相关，即土粒越细或越分散，无效孔隙越多。无效孔隙增加，透水、透气困难，土壤耕性恶化。

（2）毛管孔隙。孔隙直径为 0.001~0.1 mm，具有毛细管作用，水分可借毛管弯月面力储存并保持在其内，靠毛管引力向上下左右移动，是对作物最有利的水分状态。毛管孔隙度是指毛管孔隙体积占土壤体积的百分比。

（3）非毛管孔隙。直径大于 0.1 mm 的孔隙，毛细管作用明显减弱，保持储存水分的能力逐步消失，是水分与空气的通道，经常被空气占据，故又称空气孔隙或大孔隙。它的多少直接影响着土壤透气与渗水能力。从农业生产需要来看，旱作土壤耕层非毛管孔隙应保持在 10%以上，大、小孔隙之比为 1：（2~4）较合适。

土壤比重是单位体积内固体干土粒的质量与同体积水的质量之比，不包括土壤孔隙在内，决定土壤比重大小的主要因素是土壤有机质含量和土壤矿物组成。

三、仪器设备

仪器设备：烘箱，百分之一电子天平。

四、所需耗材

人员配置：3 人 1 组。

所需耗材：100 cm^3环刀 5 套，1 kg 铁锤，环刀托，土壤铲，削土刀，剪刀。

五、实验步骤

（1）整理好 5 套环刀，包括顶盖、底网和黑盒，取出黑盒后放入烘箱于 105 ℃烘干 2 h后称至恒重，记为 m_0，装入黑盒贴上标签。

（2）用土壤锹清理出 30 cm×40 cm 的土壤平台，均匀布置 5 个环刀采样点。将环刀取出顶盖、底网和黑盒后垂直放置在地表，刀口朝下，环刀上覆环刀托，扶正环刀托并用铁锤轻轻锤压，使环刀慢慢进入土壤，如遇根系阻碍，用剪刀剪断根系，直至环刀充满土壤，反扣一个备用环刀，继续锤压环刀托，使土壤超过环刀边沿 5 mm 为止。如果在按压环刀的过程中发生扭动，环刀内可能会出现裂纹，这将会使测定的孔隙度增加，因此，应该将发生扭动的环刀放弃，重新取样。

（3）用削土刀沿环刀上沿轻轻刮去多余土壤，使环刀中的土壤面与环刀上沿平齐。刮平过程中不要太急，以免将环刀内土体带出，尤其是当有植物根系时，一定要先用剪刀将根系剪断，然后再用刀片刮平。如果在刮平过程中不小心，环刀内的土壤被根系带出，应该重新取样。刮平后在环刀上加顶盖。

（4）用土壤铲将加顶盖的环刀从土壤中挖出，使环刀底面朝上，用土壤刀轻轻刮去多余土壤，使环刀中的土壤面与环刀下沿平齐后加底网，用宽胶带包裹环刀，以防环刀盖脱落。每层取 5 个环刀样品。

（5）在记录表中记录取样层次和环刀号。

（6）将野外带回的环刀去除胶带后称湿重 m_1。

（7）将称重后的环刀去掉上盖（一定要保留底网），底网下放一张滤纸，并将其放在平底塑料盆或其他容器内，在容器内加水 3~4 cm（水面一定不能超过环刀上沿），并注意补加水以保持水位，放置数小时，环刀内土壤充分吸水直至饱和后，将环刀从容器内拿出，迅速擦干环刀外面的水分后加顶盖，称饱和重 m_2。

（8）打开环刀顶盖（一定要保留底网），将环刀放置在支架上让土壤中的重力水排出，在此过程中应将环刀顶盖虚盖在环刀上，以防止环刀内的水分蒸发，但不能将顶盖盖严。静置 12 h 后，加盖顶盖并称重 m_3。

（9）称重后将环刀顶盖和底盖打开，一并放入烘箱中于 105 ℃烘干至恒重（8~12 h），干燥后，待烘箱中的温度降到室温时，打开烘箱，拿出环刀，加盖顶盖和底网后称干重 m_4。

六、实验数据及处理

实验数据见表 17-1。

表 17-1 实验数据

项　目	平行 1	平行 2	平行 3	平行 4	平行 5
样地植被					
土壤深度					
环刀编号					
环刀质量 m_0/g					
环刀+原状土质量 m_1/g					
m_1+饱和水质量 m_2/g					
静置排水后质量 m_3/g					
烘干后质量 m_4/g					
土壤容重/g · cm^{-3}					
总孔隙度/%					
毛管孔隙度/%					
非毛管孔隙度/%					
土壤比重					

设环刀重为 m_0，环刀体积为 100 cm^3，则

$$土壤容重 = \frac{m_4 - m_0}{100} \tag{17-1}$$

$$土壤总孔隙度 = \frac{m_2 - m_4}{100} \times 100\% \tag{17-2}$$

$$土壤毛管孔隙度 = \frac{m_3 - m_4}{100} \times 100\% \quad (17\text{-}3)$$

$$土壤非毛管孔隙度 = \frac{m_2 - m_3}{100} \times 100\% \quad (17\text{-}4)$$

$$土壤比重 = \frac{m_4 - m_0}{100 + m_4 - m_2} \quad (17\text{-}5)$$

计算各参数的平均值、标准差和变异系数。

七、思考题

(1) 分析土壤容重和孔隙度测量值离散程度偏大的影响因素有哪些?

(2) 分析土壤中存在哪些形态的水，其对土壤生态的影响是什么?

实验十八　教室环境噪声测量与评价

实验类型：验证性　　　实验学时：2　　　实验要求：选修

一、实验目的

（1）认识噪声仪的基本结构。

（2）掌握噪声仪的校准和测量方法。

二、实验原理、方法和手段

噪声是一种主观评价标准，即一切影响他人的声音均为噪声，无论是音乐或是机械声等。A 计权声级能较好地反映人耳对噪声的强度与频率的主观感觉，对连续稳定状态的噪声是一种较好的评价方法，但对起伏或不连续的噪声，它就不适用了。这时就需要用连续等效声级 Leq 方法，在声级不稳定的情况下，它能反映人实际接受的噪声能量大小，是一个随时间变化的噪声等效量。实际测量噪声是通过不连续采样进行测量的，假如采样间隔相等，则

$$\mathrm{Leq} = 10\lg\left(\frac{1}{N}\sum_{i=1}^{N} 10^{0.1L_i}\right) \tag{18-1}$$

式中　Leq——等效声级；

N——取样总数；

L_i——第 i 次测得的瞬时 A 声级。

本实验参照《社会生活环境噪声排放标准》（GB 22337—2008）修改。

三、仪器设备

仪器设备：噪声声级计，声校准器。

四、所需耗材

人员配置：3 人 1 组。

本实验不需要耗材。

五、实验步骤

（1）认识声级计的结构和熟练操作基本按键（见图 18-1）。其中包括：启动（暂停）键、光标左（右）移动键、参数加（减）键、确定键和退出键。

（2）仪器的校准。将仪器的前置放大器和测试传声器安装好（拧紧，擦拭干净）。开机，进入列表 1 测量界面，显示瞬时值 Linst 和统计值（Leq、L_{max}、L_{10}、L_{50}、L_{90}）。将测试传声器插入声校准器入口，保持垂直，按下白色按钮，仪器显示为 93. 8dB，则仪器状态良好。否则，进入仪器校准页面，按“启动”键进行校准，校准结束后按“确定”键保存。

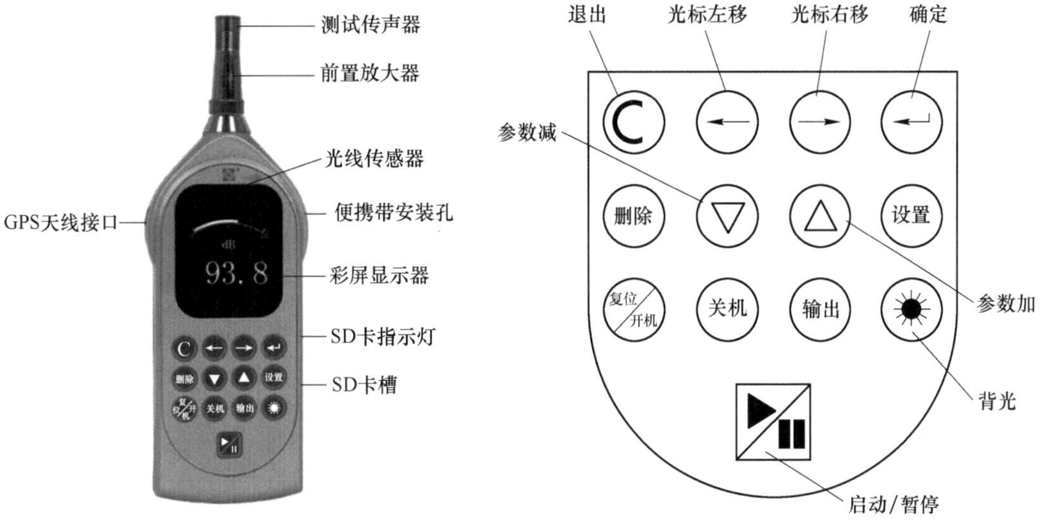

图 18-1　噪声仪面板功能说明

（3）噪声的测量。固定仪器于离地面 1. 2 m 高处，周围 0. 5 m 无明显反射面，距门窗 1 m 距离；进入仪器设置，基本设置，将测量时间设置为 1 min，按“确定”键修改，按“退出”键进入噪声测量界面。变换位置，测量课堂 4 种状态下噪声级，平行测量 5 次，计算教室等效声级。

六、实验数据及处理

实验数据见表 18-1。

表 18-1　实验数据

日　期			时间			
教师			课程			
测量状态	第 1 次	第 2 次	第 3 次		第 10 次	等效值
走廊背景						
教师讲课						
小组讨论				…		
课堂练习						
课间休息						

评价室内噪声等级：教室为 B 类房间（保证思考与精神集中，正常说话不被干扰的房间，包括教室、会议室、住宅非卧室区），昼间（6～22 h）等效值小于 40 dB 为 0 级；40 dB～<45 dB 为 1 级；45 dB～<50 dB 为 2 级；大于或等于 50 dB 为噪声超标房间。夜间按低于昼间 10 dB 评价。

A 类房间（以睡眠为目的的房间，包括卧室、病房、宾馆客房）按低于 B 类房间5 dB 评价。作柱状图分析各测量状态的大小差异，并分析原因。

七、思考题

（1）固定声源噪声、企业厂界噪声、交通噪声和环境背景噪声在测量方法上有什么不同？

（2）可采取哪些措施控制噪声环境污染？

参 考 文 献

[1] 奚旦立．环境监测［M］.5 版．北京：高等教育出版社，2019.

[2] 江锦花．环境监测实验［M］．杭州：浙江大学出版社，2021.

[3] 鲍士旦．土壤农化分析［M］.3 版．北京：中国农业出版社．2000.

[4] 黄昌勇．土壤学实验实习指导书［M］．北京：中国农业出版社，1992.

[5] 鲁如坤．土壤农业化学分析法［M］．北京：中国农业科技出版社，1999.

[6] 谢晓梅．土壤与植物营养学实验［M］．杭州：浙江大学出版社，2014.

[7] 国家环境保护总局．地表水环境质量标准：GB 3838—2002［S］．北京：中国环境科学出版社，2019：9.

[8] 全球各国标准联合会．洁净室及相关控制环境：第 1 部分　根据粒子浓度划分空气洁净度等级：ISO 14644-1［S］.2015.

[9] 魏琴，盛永丽．无机及分析化学实验［M］.2 版．北京：科学出版社，2018.

[10] 郝吉明．大气污染控制工程实验［M］.2 版．北京：高等教育出版社，2004.

[11] 张海英，王慧峰，刘馥雯，等．环境基础实验［M］.2 版．北京：化学工业出版社，2023.